锡林郭勒盟耕地

锡林郭勒盟土壤肥料和节水农业工作站　编著

中国农业出版社
北　京

编　委　会

主　　编： 胡玉敏　曹　军　程　利

副 主 编： 孙星星　刘保伟　王晓玲

编写人员：（按姓氏笔画排序）

于海英　王晓玲　王湘梅　史凌君　孙广琴

孙星星　任　强　刘　玲　刘文东　刘保伟

张　河　张春青　苏日古嘎　李　慧　杨淑萍

安西龙　邵广龙　赵　伟　赵晓梅　赵景瑞

赵静漪　胡玉敏　高　忠　郭岩峰　郭海英

曹　军　韩宝萍　程　利　廉宝顺

前　言

自2014年起，按照农业部部署，在自治区土肥站和盟农牧局的直接领导下，锡林郭勒盟开展了耕地地力调查与质量评价工作。

2006年开始锡林郭勒盟实施了国家测土配方施肥补贴项目，到2009年已实现测土配方施肥技术全覆盖。测土配方施肥项目实施取得了大量的耕地土壤分析化验数据、田间试验数据、耕地环境调查数据和农户施肥与产量调查数据，有力地推动了全盟耕地地力调查与质量评价工作。本次调查与评价是对全盟2006—2014年土壤调查分析数据、农户调查统计数据、试验示范结果等大量数据，在“3S”技术支撑下分析汇总后完成的。该项目共采集土样29 529个，分析化验了大量元素、中量元素和微量元素。分析项目包括有机质、全氮、碱解氮、有效磷、速效钾、缓效钾、全磷、全钾、有效铁、有效锰、有效铜、有效锌、水溶态硼、有效钼、有效硫、有效硅、交换性钙、交换性镁、阳离子代换量、土壤pH和土壤质地共21项，总计分析化验371 151项次。

本次调查与评价充分利用了第二次土壤普查成果资料和国土部门第二次土地调查资料，在沈阳农业大学的技术支持下，应用县域耕地资源管理信息系统、地理信息系统（GIS）、全球定位系统（GPS）、遥感（RS）等高新技术及科学的调查和评价方法，历时4年，完成了全盟耕地调查与评价工作。通过本次调查与评价，基本摸清了锡林郭勒盟耕地地力与理化性状，为耕地合理开发利用、科学施肥提供了依据，为实现土肥信息化和农业现代化提供服务。

《锡林郭勒盟耕地》一书阐述了锡林郭勒盟自然与农业生产概况、耕地的立地条件和农田基础设施建设、耕地地力调查与质量评价、耕地土壤属性、耕地地力、耕地土壤改良与利用，并且详细介绍了调查与评价的技术路线、方法和评价成果。

由于缺乏经验，加之编者水平有限，书中错误在所难免，欢迎读者批评指正。

编　者

2019年11月

目　　录

第一章　自然条件与农业生产概况

第一节　自然概况

一、地理位置与行政区划

锡林郭勒盟位于内蒙古自治区中部，地处东经 111°08′～119°58′、北纬 41°35′～46°46′之间。北与蒙古国接壤，西与乌兰察布市相连，南与河北省张家口、承德毗邻，东接赤峰市、兴安盟和通辽市。东西长约 700km，南北宽 500km，总面积 20.3 万 km^2。

锡林郭勒盟辖 2 市、9 旗、1 县、1 个管理区，分别是锡林浩特市、二连浩特市、东乌珠穆沁旗、西乌珠穆沁旗、阿巴嘎旗、苏尼特左旗、苏尼特右旗、镶黄旗、正蓝旗、正镶白旗、太仆寺旗、多伦县及乌拉盖管理区，其中锡林浩特市是锡林郭勒盟政府所在地，也是锡林郭勒盟政治、经济和文化中心。

二、气候

锡林郭勒盟属北温带半干旱、干旱大陆性气候。主要气候特点是寒冷、风大、干旱。春季多风干旱，夏季温凉降雨不均，秋季凉爽霜雪早，冬季寒冷漫长。年平均气温 0～3℃，结冰期长达 5 个月，寒冷期长达 7 个月，1 月气温最低，平均－20℃，为华北最冷的地区之一。7 月气温最高，平均 21℃，日较差平均为 12～16℃，年较差为 35～42℃，极端最高气温 39.9℃，极端最低气温－42.4℃。年平均降雨量 295mm，大部分地区年降雨量为 200～350mm，由东南向西北递减。大兴安岭余脉西坡及阴山余脉北坡局部可达 400mm 以上，西部局部地区不足 150mm。最大降水量 628mm（太仆寺旗 1959 年），最小降水量 83mm（二连浩特市 1966 年）。降雨多集中在 7、8、9 月三个月内。春雨较少，时有春旱、夏旱发生，等雨量线呈东北—西南向，自东南向西北递减。每年 11 月至翌年 3 月平均降雪总量 8～15mm。风大，风速大，大风日数多，年平均风速大部分在每秒 4～5m，最大风速在每秒 24～28m。大风日数占全年 40％～50％，3～5 月是刮风盛期，全年盛行偏西风。此外还具有无霜期短、温差大、蒸发量大、气候干燥等特点。无霜期基本在 100～120d。≥10℃的积温在1 800～2 700℃之间。蒸发量在1 500～2 700mm 之间，由东向西递增。二连浩特市最大蒸发量达到 3 150mm（1963 年）。年日照时数为2 800～3 200h，日照率 64％～73％。

三、水文地质

（一）地上水资源

锡林郭勒盟东部大兴安岭和南部阴山山地相连构成了分水岭，以北为高原内陆水系，以南为外流水系。全盟主要河流 20 条，大小湖泊 1 363 个，其中淡水湖 672 个。分为三大水系：南部正蓝旗、多伦县境内的滦河水系，中部的查干诺尔水系，东北部的乌拉盖河水系。

(1) 滦河水系　发源于河北省独石口东南，向北流经正蓝旗、多伦县后又复入河北省。在锡林郭勒盟内长约 254 km，流域面积 6 366 km^2，占流域总面积的 10.3%。上游多山地，地势险峻，沟壑纵横。进入锡林郭勒盟后地形多为丘陵，地势较为平缓。沿河地势平坦，湿地广布，低洼处形成了沼泽。在正蓝旗境内称闪电河，进入多伦县与黑风河汇合称滦河，在大河口又与吐力根河汇流。

(2) 查干诺尔水系　主要包括巴音河和恩格尔河。巴音河由灰腾河、高格斯台河汇合而成，发源于正蓝旗浑善达克沙地东缘，由东南向西北流入呼尔查干诺尔湖。恩格尔河发源于正蓝旗浑善达克西部沙地，向北注入呼尔查干诺尔湖。

(3) 乌拉盖河水系　是锡林郭勒盟境内最大的内陆水系，所属各条河流均发源于大兴安岭山地。乌拉盖河干流发源于宝格达山，于火神庙与支流色也勒金河汇合，向西流入乌拉盖戈壁。沿途地面广阔低平，湖泊、沼泽较多。支流彦吉嘎河、高力罕河、巴拉格尔河发源于西乌旗南部大兴安岭山地，由南向北流。锡林河发源于克什克腾旗境内，经锡林浩特市向北流至巴彦宝力格苏木查干诺尔消失。

锡林郭勒盟是内陆湖泊聚集的地区之一。据统计有大小湖泊多达1 363个，总蓄水量35 亿 m^3。其中淡水湖泊 672 个，蓄水量 20 亿 m^3。由于气候干旱，风力较强，在湖泊的成因类型上，以风蚀湖为最多。

(二) 水资源总量

锡林郭勒盟水资源总量为 34.93 亿 m^3/年，其中地表水资源量 9.08 亿 m^3/年，地下水资源量 30.23 亿 m^3/年，基流量 4.38 亿 m^3/年。水资源可利用量 19.7 亿 m^3/年，其中地表水可利用量 3.99 亿 m^3/年，地下水可开采量 16.34 亿 m^3/年。

四、地形地貌

锡林郭勒盟是以锡林郭勒高原为主体，高原的东部与南部为大兴安岭边缘和阴山山脉余脉组成的东、南侧的中低山地和丘陵。西部与乌兰察布高原相连接。整个地势呈南高北低，由西向东倾斜的趋势。

在地质构造上，大部分属于蒙古褶皱带，是由古生代海西运动隆起，燕山运动时期断裂活化，造成花岗岩的入侵及火山岩的喷出。在后来的构造运动中，又有和缓的挠曲和大面积不等量上升。在现代地貌发展过程中，风力的搬运和流水的切割也起着重要的作用。在长期的内应力和外应力的作用下铸成了现在的地貌形态。由于锡林郭勒盟地域辽阔，各部分所受的内应力和外应力不同，所形成的地貌特征也不相同。锡林郭勒盟可划为 9 个地貌类型区，即大兴安岭中低山地、察哈尔低山丘陵、巴龙马格隆丘陵、乌珠穆沁波状高原、苏尼特高平原、滦河锡林河洼地、乌拉盖二连盆地、阿巴嘎熔岩台地和浑善达克、嘎亥额勒苏沙地。

(一) 大兴安岭中低山地

大兴安岭中低山地在锡林郭勒盟主要分布在东乌珠穆沁旗和西乌珠穆沁旗的东缘、东南缘。包括宝格达山丘陵等地，面积为11 933km^2，占锡林郭勒盟总面积的 5.98%。东北部的大兴安岭山地是属于大兴安岭山脉的南段西坡，由大兴安岭支脉苏克斜鲁山地构成。北与大兴安岭北部山地相连接，西连内蒙古高原，呈东北—西南走向，海拔高度多在1 000～1 300m之间，相对高度变动幅度为100～500m。峰高谷深，地势险要，坡度一般在15°以上。锡林郭勒盟的最高峰是西乌珠穆沁旗的古如格苏乌拉，海拔1 957m。山顶平坦或浑圆，山间谷地开阔，河流短小而发育，夷平面保持完整，山地中有古冰川遗迹。这些都反映了大兴安岭山脉在新华夏剧烈的断块隆起后，至今还保留着构造地貌原形的痕迹。此时期还伴有花岗岩等火山岩侵入，加上剧烈的切割、侵蚀等外应力作用，较低山体的山势险要，且山脊成龙骨状。

（二）察哈尔低山丘陵

本区位于锡林郭勒盟南部，正蓝旗的哈登胡硕至苏尼特右旗的朱日和一线以南地区。包括多伦县、太仆寺旗以及正蓝旗、正镶白旗、镶黄旗和苏尼特右旗的南部，面积为20 051km^2，占锡林郭勒盟总面积的10.04%。

察哈尔低山丘陵是阴山山地向内蒙古高原的过渡地带，丘陵与盆地交错。在构造上是由于中生代燕山期发生褶皱断裂和花岗岩侵入。喜马拉雅运动时又沿着燕山运动的构造不等量上升，形成了现代地貌的基本轮廓。后期经长期侵蚀作用而形成了现在的低山丘陵地形。

地貌特征为侵蚀的低山与丘陵，其中山间盆地、宽谷、洼地和洪积冲积平原面积很大。山体以中生代酸性火山岩（花岗岩）、变质岩、沉积岩组成。海拔高度在1 000～1 700m之间，相对高度变动幅度为50～200m。最高峰是太仆寺旗的大黑渠山，海拔802.7m。山顶浑圆，山势平缓，山间谷地面积广阔。山坡下部有黄土堆积，盆地宽谷则以冲积砂砾层及红土层为主。洼地覆盖着湖相沉积物或洪积冲积物。

（三）巴龙马格隆丘陵

该区位于锡林郭勒盟北部沿中蒙边界线，从苏尼特至乌珠穆沁一线，包括苏尼特左旗北部、阿巴嘎旗北部及东乌珠穆沁旗北部地区，面积21 107km^2，占全盟总面积的10.57%。巴龙马格隆丘陵属于内蒙古高原的一部分，是高原北部边缘的隆起地带，构成剥蚀侵蚀的丘陵区。海拔高度在1 100～1 400m之间，相对高度变动幅度为40～100m，丘陵中冲沟少，但干谷宽广。丘陵西段主要由花岗岩和变质岩组成；中段主要为玄武岩所覆盖，表面为台地及火山锥的叠置地貌；东段为花岗岩组成的丘陵，丘间有宽谷发育。

（四）乌珠穆沁波状高原

主要分布在锡林郭勒盟的东珠穆沁旗、西乌珠穆沁旗西半部、锡林浩特市东部一带，面积为33 874km^2，占全盟总面积的16.97%。

乌珠穆沁波状高原仍是内蒙古高原的一部分。海拔高度在1 000～1 300m之间，地形平缓略有起伏，宽谷洼地十分发育。丘陵无明显的侵蚀，基岩露出甚少。岩石组成以砂砾岩、砂质泥岩为主，河谷为冲积湖积砂土，砂砾层发育。

（五）苏尼特高平原

本区分布在锡林浩特市西北部、阿巴嘎旗中部、苏尼特左旗南半部和苏尼特右旗大部分地区，面积为41 202km^2，占全盟总面积的20.63%。本区包括苏尼特石质丘陵小区和查干淖尔沙质高平原地貌小区。

苏尼特高平原是以内蒙古高原为主体层状高原，海拔在1 100～1 200m之间，地表平坦，微有起伏，水流稀少，沉积盐湖较多，剥蚀残丘散布，呈现出层状平原化特征。基岩裸露，风化明显，地表大都向湖盆倾斜。基岩组成物质为花岗岩、片麻岩、板岩、粉砂岩、残坡积碎砾以及洪积砂砾。

（六）滦河、锡林河河谷洼地

滦河为外流水系，锡林郭勒盟境内属河的上游区，位于正蓝旗、多伦县境内。滦河流经的谷地为侵蚀洼地，阶地发育，地表平坦。组成地表物质为花岗岩、砂岩、粉砂岩、冲洪积沙砾岩的风化物及冲洪积湖积黏土。

锡林河属于乌拉盖内陆水系，河谷洼地宽1～2km，河内常年流水，阶地发育。组成地表物质为砂岩、玄武岩、粉砂岩风化物、冲积湖积黏土。本区面积为4780km^2，占全盟总面积的2.39%。

（七）乌拉盖盆地

乌拉盖盆地位于东乌珠穆沁旗、西乌珠穆沁旗和锡林浩特市北部地区。包括乌拉盖盆地、额吉淖盆地、二连盆地3个地貌小区，面积为32 877km^2，占全盟面积的16.46%。

乌拉盖盆地是在新构造阶段，四周上升，中部轻微下沉，故形成四周高中间低近于碟形地。北部为巴龙马格隆丘陵，南部为乌珠穆沁波状高原，东部是大兴安岭中低山地。乌拉盖盆地海拔高度在800～1 000m之间，内有乌拉盖河流经本区。地势平坦开阔，广泛覆盖有第四纪洪积、冲积、湖积物质及风积沙层，并有新生代盐湖沉积。

二连盆地位于二连浩特市以东，苏尼特左旗南部，苏尼特右旗北部的狭长地区，面积为8 337km^2，占锡林郭勒盟总面积的4.18%。二连盆地为剥蚀洼地近东西向延伸，宽约40km，长近百余千米。洼地海拔高850～1 000m，地表平坦，无常流水，为风积沙砾层、砂砾岩、红色泥岩所组成。

（八）阿巴嘎熔岩台地

本区位于阿巴嘎旗和锡林浩特市中部地区。包括巴颜图嘎和灰腾梁两个熔岩台地地貌小区。面积为8 676km^2，占锡林郭勒盟总面积的4.35%。阿巴嘎熔岩台地是第三纪至第四纪初期由于火山喷发形成的。海拔高度在1 100～1 500m之间，台地面由桌状平台、垅状的玄武岩丘陵和侵蚀洼地构成。三五成群的火山锥矗立于台地之上，高差为30～150m，玄武岩露头普遍，仅坡地上有些不厚的残积物和坡积物层。

（九）浑善达克沙地、嘎亥额勒斯沙地

浑善达克沙地位于锡林郭勒盟中部地区，即正蓝旗、正镶白旗、镶黄旗北半部，苏尼特右旗东部，苏尼特左旗、阿巴嘎旗、锡林浩特市南部地区。东西延伸约260km，南北宽30～100km，面积为23 564km^2，占锡林郭勒盟总面积的11.8%。

浑善达克沙地的基部为第三纪与第四纪疏松的湖相地层和冲积层，经过长期风的吹蚀与堆积作用便形成目前的沙地。沙地内部沙丘连绵起伏，在沙丘间有甸子地和小湖泊。嘎亥额斯沙地位于锡林郭勒盟西乌珠穆沁旗境内，东西长150km，南北宽为10～15km，面积1 608km^2，占锡林郭勒盟总面积的0.81%

五、土壤资源

土壤是历史的自然体，它是在自然成土因素和人为因素的长期综合作用下发育而成

的。土壤分布与其所在的生物气候条件相适应。不同的气候条件，发育着不同的土壤，表现为垂直分布与水平分布规律。锡林郭勒盟从东到西依次分布着灰色森林土—黑钙土—栗钙土—棕钙土几个大的地带性土壤。据第二次土壤普查统计，锡林郭勒盟土壤分为 16 个土类、38 个亚类、97 个土属。其中栗钙土面积最大，占全盟土壤总面积的 51.13%；其次是棕钙土，占全盟土壤总面积的 17.71%（表 1-1）。

表 1-1　锡林郭勒盟土壤类型面积

土类	面积（hm^2）	占土壤总面积比例（%）	亚类	面积（hm^2）	占土类面积比例（%）
灰色森林土	185 793.33	0.93	灰色森林土	98 953.33	53.26
			暗灰色森林土	86 840.00	46.74
灰褐土	29 213.33	0.15	灰褐土	2 320.00	7.95
			石灰性灰褐土	26 893.33	92.05
黑钙土	1 068 526.67	5.36	黑钙土	469 246.67	43.91
			淡黑钙土	409 633.33	38.34
			草甸黑钙土	189 646.67	17.75
草甸土	1 290 993	6.48	草甸土	188 393.33	14.59
			石灰性草甸土	523 713.34	40.57
			盐化草甸土	578 886.67	44.84
栗钙土	10 185 746.67	51.13	暗栗钙土	4 639 180.00	45.55
			栗钙土	2 922 140.00	28.69
			淡栗钙土	1 675 006.67	16.44
			草甸栗钙土	714 986.67	7.02
			盐化栗钙土	155 980.00	1.53
			碱化栗钙土	11 346.67	0.11
			栗钙土性土	67 106.67	0.66
棕钙土	3 528 240.00	17.71	棕钙土	2 144 026.67	60.77
			淡棕钙土	1 053 133.33	29.85
			草甸棕钙土	127 020.00	3.60
			盐化棕钙土	204 060.00	5.78
风沙土	2 483 306.67	12.47	流动风沙土	47 133.33	1.90
			半固定风沙土	321 440.00	12.94
			固定风沙土	2 114 733.33	85.16
石质土	173 753.33	0.87	石质土	173 753.33	100.00
粗骨土	217 073.33	1.09	粗骨土	217 073.33	100.00
沼泽土	443 980.00	2.23	沼泽土	141 686.67	31.92
			腐泥沼泽土	48 720.00	10.97
			草甸沼泽土	194 566.67	43.82
			泥炭沼泽土	59 006.67	13.29

（续）

土类	面积（hm²）	占土壤总面积比例（%）	亚类	面积（hm²）	占土类面积比例（%）
山地草甸土	3 040.00	0.02	山地草甸土	3 040.00	100.00
灰色草甸土	818 413.33	4.11	石灰性灰色草甸土	363 086.67	44.36
			盐化灰色草甸土	455 326.67	55.64
潮土	111 020.00	0.56	潮土	36 320	32.71
			盐化潮土	74 700	67.29
盐土	107 660.00	0.87	盐土	107 660.00	100.00
漠境盐土	65 080.00	0.53	漠境盐土	65 080.00	100.00
碱土	26 300.00	0.13	碱土	26 300.00	100.00

六、土地资源

锡林郭勒盟土地资源丰富，土地类型多样。根据第二次土地调查，全盟总土地面积20 144 200hm²，分为8个一级地类。一级地类土地利用现状分析如下：

（一）耕地

锡林郭勒盟耕地总面积241 901.84hm²，占土地总面积的1.2%，其中水浇地面积35 145.94hm²、旱地面积206 755.90hm²，分别占耕地面积的17.45%和82.55%（表1-2）。

表1-2　锡林郭勒盟耕地面积分布

（单位：hm²）

名称	耕地	水浇地	旱地
太仆寺旗	94 263.18	16 649.1	77 614.08
多伦县	51 885.82	10 594.27	41 291.55
正镶白旗	16 587.77	1 216.74	15 371.03
镶黄旗	1 168.88	182.46	986.42
正蓝旗	20 818.38	2 103.63	18 714.75
锡林浩特市	17 013.63	2 589.5	14 424.13
阿巴嘎旗	0	—	—
东乌珠穆沁旗	37 618.43	1 190.84	36 427.59
西乌珠穆沁旗	187.09	187.09	0
苏尼特左旗	423.09	359.63	63.46
苏尼特右旗	1 854.12	2.84	1 851.28
二连浩特市	81.45	69.84	11.61
合计	241 901.84	35 145.94	206 755.90

（二）园地

锡林郭勒盟园地总面积375.88hm²，占土地总面积的0.19%。其中果园面积

332.30hm²，占园地总面积的 88.41%；其他园地面积 43.58hm²，占园地总面积的 11.59%（表 1-3）。

表 1-3 锡林郭勒盟园地面积分布

（单位：hm²）

名称	园地	果园	茶园	其他园地
太仆寺旗	251.42	238.7	0	12.72
多伦县	44.91	44.91	0	0
正镶白旗	0	0	0	0
镶黄旗	47	47	0	0
正蓝旗	27.81	1.69	0	26.12
锡林浩特市	0	0	0	0
阿巴嘎旗	0	0	0	0
东乌珠穆沁旗	0	0	0	0
西乌珠穆沁旗	0	0	0	0
苏尼特左旗	0	0	0	0
苏尼特右旗	4.74	0	0	4.74
二连浩特市	0	0	0	0
合计	375.88	332.3	0	43.58

（三）林地

锡林郭勒盟林地面积 618 805.53hm²，占土地总面积的 3.08%。其中有林地 102 225.02hm²，占林地面积的 16.52%；灌木林地 199 590.77hm²，占林地面积的 32.25%；其他林地 316 989.74hm²，占林地面积的 51.23%（表 1-4）。

表 1-4 锡林郭勒盟林地面积分布

（单位：hm²）

名称	林地	有林地	灌木林地	其他林地
太仆寺旗	62 378.83	15 450.01	31 394.82	15 534
多伦县	101 916.26	22 511.03	30 733.63	48 671.6
正镶白旗	38 587.57	3 021.37	34 250.66	1 315.54
镶黄旗	8 005.96	5 776.91	1 728.72	500.33
正蓝旗	218 550.08	5 434.76	85 711.96	127 403.36
锡林浩特市	31 463.54	342.09	643.84	30 477.61
阿巴嘎旗	4 161.92	1 074.26	3 081.31	6.35
东乌珠穆沁旗	25 348.05	22 379.55	2 366.15	602.35
西乌珠穆沁旗	121 296.18	25 482.23	3 711.45	92 102.5
苏尼特左旗	872.28	211.11	632.58	28.59

（续）

名称	林地	有林地	灌木林地	其他林地
苏尼特右旗	5 894.28	518.02	5 335.65	40.61
二连浩特市	330.58	23.68	0	306.9
合计	618 805.53	102 225.02	199 590.77	316 989.74

（四）草地

锡林郭勒盟草地面积 17 954 476.81hm²，占区域总面积的 89.51%。其中天然牧草地 17 294 460.46hm²，占草地面积的 96.32%；人工牧草地 95 155.68hm²，占草地面积的 0.53%；其他草地 564 860.67hm²，占草地面积的 3.15%（表 1-5）。

表 1-5　锡林郭勒盟草地面积分布

（单位：hm²）

名称	草地	天然牧草地	人工牧草地	其他草地
太仆寺旗	158 252.24	118 387.1	14 561.31	25 303.83
多伦县	215 468.65	202 069.86	13 155	243.79
正镶白旗	518 821.83	506 904.38	9 331.6	2 585.85
镶黄旗	489 975.76	483 578.27	5 307.72	1 089.77
正蓝旗	738 244.36	719 535.75	8 257.75	10 450.86
锡林浩特市	1 389 118.06	1 306 689.22	13 145.98	69 282.86
阿巴嘎旗	2 633 367.95	2 630 804.81	2 349.72	213.42
东乌珠穆沁旗	4 088 700.2	3 985 058.93	11 474.72	92 166.55
西乌珠穆沁旗	2 037 696.48	1 916 846.05	10 758.58	110 091.85
苏尼特左旗	3 142 125.98	2 931 145.86	2 061.65	208 918.47
苏尼特右旗	2 177 774.25	2 129 280.81	4 326.73	44 166.71
二连浩特市	364 931.05	364 159.42	424.92	346.71
合计	17 954 476.81	17 294 460.46	95 155.68	564 860.67

（五）交通运输用地

交通运输用地 65 541.33hm²，占区域总面积的 0.33%。其中铁路用地 10 929.19hm²，占交通运输用地面积的 16.68%；公路用地 16 596.36hm²，占交通运输用地面积的 25.32%；农村道路 37 660.23hm²，占交通运输用地面积的 57.46%；机场用地 348.10hm²，占交通运输用地面积的 0.53%（表 1-6）。

表 1-6　锡林郭勒盟交通运输用地面积分布

（单位：hm²）

名称	交通运输用地	铁路用地	公路用地	农村道路	机场用地
太仆寺旗	3 852.32	0	1 503.05	2 349.27	0
多伦县	3 146.32	377.34	1 307.02	1 461.96	0

（续）

名称	交通运输用地	铁路用地	公路用地	农村道路	机场用地
正镶白旗	3 580.14	386.22	732.94	2 460.98	0
镶黄旗	1 409.2	12.35	405.13	991.72	0
正蓝旗	8 143.48	1 488.48	1 970.22	4 684.78	0
锡林浩特市	7 535.66	1 053.8	1 416.78	4 889.13	175.95
阿巴嘎旗	3 370.9	734.15	1 263.16	1 373.59	0
东乌珠穆沁旗	12 168.87	1 894.2	2 591.31	7 675.91	0
西乌珠穆沁旗	7 677.19	2 143.44	1 253.21	4 280.54	0
苏尼特左旗	6 088.99	239.99	2 179.27	3 669.73	0
苏尼特右旗	6 387.99	2 080.72	1 288.01	3 019.26	0
二连浩特市	2 180.27	518.5	686.26	803.36	172.15
合计	65 541.33	10 929.19	16 596.36	37 660.23	348.1

（六）水域及水利设施用地

水域及水利设施用地 486 977.33hm²，占区域总面积的 2.43%。其中河流水面 6 529.75hm²，占水域及水利设施用地面积的 1.34%；湖泊水面面积 47 523.84hm²，占水域及水利设施用地面积的 9.76%；水库水面面积 7 154.62hm²，占水域及水利设施用地面积的 1.47%；坑塘水面面积 9 775.10hm²，占水域及水利设施用地面积的 2.01%；内陆滩涂面积 413 456.24hm²，占水域及水利设施用地面积的 84.90%；沟渠面积2 439.12 hm²，占水域及水利设施用地面积的 0.50%；水工建筑用地面积 98.66hm²，占水域及水利设施用地面积的 0.02%（表 1-7）。

表 1-7　锡林郭勒盟水域及水利设施用地面积分布

（单位：hm²）

名称	水域及水利设施用地	河流水面	湖泊水面	水库水面	坑塘水面	内陆滩涂	沟渠	水工建筑用地
太仆寺旗	8 310.39	116.22	0	82.47	0	7 744.51	356.44	10.75
多伦县	3 767.73	1 109.52	272.89	1 836.89	0	388.76	132.38	27.29
正镶白旗	4 165.34	0	2 441.67	53.93	436.63	1 229.86	0	3.25
镶黄旗	2 048.18	29.17	820.71	0	0	1 184.42	8.74	5.14
正蓝旗	14 141.18	914.75	7 077.88	57.38	1 828.79	4 210.2	49.49	2.69
锡林浩特市	3 546.97	406.89	1 082.9	286.63	1 769.23	0	0	1.32
阿巴嘎旗	43 279.89	118	15 300.14	0	109.57	27 751.68	0	0.5
东乌珠穆沁旗	336 035.58	1 118.15	11 564.33	4 434.55	1 326.19	315 958.05	1 595.83	38.48
西乌珠穆沁旗	23 637.22	2 148.8	1 565.37	402.77	1 520.39	17 727.06	270.38	2.45

（续）

名称	水域及水利设施用地	河流水面	湖泊水面	水库水面	坑塘水面	内陆滩涂	沟渠	水工建筑用地
苏尼特左旗	36 000.44	568.25	4 992.07	0	0	30 414.26	25.86	0
苏尼特右旗	8 811.59	0	0	0	2 784.3	6 027.29	0	0
二连浩特市	3 232.82	0	2 405.88	0	0	820.15	0	6.79
合计	486 977.33	6 529.75	47 523.84	7 154.62	9 775.10	413 456.24	2 439.12	98.66

（七）其他土地

其他土地面积 537 180.79hm²，占区域总面积的 2.68%。其中设施农用地面积2 885.37 hm²，占其他土地面积的 0.54%；盐碱地面积 77 696.73hm²，占其他土地面积的 14.46%；沼泽地面积 9 328.97hm²，占其他土地面积的 1.74%；沙地面积 412 113.13hm²，占其他土地面积的 76.72%；裸地面积 27 830.06hm²，占其他土地面积的 5.18%（表 1-8）。

表 1-8　锡林郭勒盟其他土地面积分布

（单位：hm²）

名称	其他土地	设施农用地	盐碱地	沼泽地	沙地	裸地
太仆寺旗	7 205.95	800.81	1 042.82	607.75	34.48	1 007.48
多伦县	3 755.58	143.54	0	124.97	1 640.59	58.06
正镶白旗	39 274.42	91.29	7 412.42	976.63	29 369.11	1 424.28
镶黄旗	8 736.61	2.12	2.41	16.54	0	8 715.54
正蓝旗	12 769.82	100.02	722.96	5 144.35	4 165.32	872.86
锡林浩特市	17 029.43	1 625.65	8 452.43	37.33	5 417.3	1 496.72
阿巴嘎旗	59 847.56	14.36	2.5	213.61	59 293.02	324.07
东乌珠穆沁旗	48 651.69	40.37	42 861.04	0	5 718.25	32.03
西乌珠穆沁旗	40 845.17	48.9	9 769.73	1 900.29	28 024.77	1 101.48
苏尼特左旗	235 523.37	17.85	4 465.48	0	224 453.13	6 586.91
苏尼特右旗	39 309.5	0	2 964.94	307.5	30 287.4	5 696.27
二连浩特市	24 231.69	0.46	0	0	23 709.76	514.36
合计	537 180.79	2 885.37	77 696.73	9 328.97	412 113.13	27 830.06

（八）城镇村及工矿用地

城镇村及工矿用地 83 092.49hm²，占区域总面积的 0.41%。其中城市面积 10 507.76hm²，占城镇村及工矿用地面积的 12.65%；建制镇面积 14 534.09hm²，占城镇村及工矿用地面积的 17.49%；村庄面积 34 742.40 hm²，占城镇村及工矿用地面积的

41.81%；采矿用地面积 21 436.26hm²，占城镇村及工矿用地面积的 25.80%；风景及特殊用地面积 1 871.98hm²，占城镇村及工矿用地面积的 2.25%（表 1-9）。

表 1-9　锡林郭勒盟城镇村及工矿用地面积分布

（单位：hm²）

名称	城镇村及工矿用地	城市	建制镇	村庄	采矿用地	风景及特殊用地
太仆寺旗	8 099.17	0	1 352.79	6 350.31	349.18	46.89
多伦县	6 383.59	0	1 698.55	3 861.69	730.39	92.96
正镶白旗	4 291.45	0	776.19	3 111.61	370.46	33.19
镶黄旗	2 335.29	0	777.57	1 020.66	282.86	254.2
正蓝旗	7 933.83	0	1 584.86	5 522.24	739.46	87.27
锡林浩特市	12 310.79	6 012.06	157.58	1 913.38	4 139.43	88.34
阿巴嘎旗	3 359.57	0	917.06	1 782.48	616.32	43.71
苏尼特左旗	2 984.19	0	927.36	478.4	1 554.56	23.87
苏尼特右旗	5 510.39	0	1 540.5	1 960.94	1 244.88	764.07
东乌珠穆沁旗	8 968.23	0	2 502.32	2 499.47	3 881.33	85.11
西乌珠穆沁旗	14 598.81	0	2 299.31	5 919.08	6 201.63	178.79
二连浩特市	6 317.18	4 495.7	0	322.14	1 325.76	173.58
合计	83 092.49	10 507.76	14 534.09	34 742.4	21 436.26	1 871.98

第二节　立地条件

一、成土母质

成土母质是形成土壤的物质基础，也是划分土属的重要依据。锡林郭勒盟地貌类型多，地质条件复杂，成土母质类型也多种多样。按岩性及风化物属性的异同，主要划分为残坡积物、冲洪积物、黄土状物、河湖相沉积物、风积物、泥质岩等母质类型，各类母质耕地面积分别占 16.78%、37.12%、28.07%、8.42%、9.01%和 0.6%。

（一）残坡积物

残坡积物也包括各种酸性结晶岩类风化物、中性结晶岩类（正长石等）风化物、基性结晶岩类（玄武岩等）风化物。主要分布在山丘的中上部及高台地上，残坡积物上发育的土壤土层薄，质地较粗，土壤发育差，土壤中含有粗砂和砾石，肥力一般较低。全盟该类母质上的耕地面积为40 591.13hm²，占耕地总面积的 16.78%。

（二）冲洪积物

冲洪积物是由河流的冲积、洪水搬运沉积形成的。多分布在河流两岸的河漫滩、阶地与山前冲积、洪积扇上。冲洪积母质发育的土壤，由于水的分选作用层理明显，土层下部常为粗粒，上部常为细粒，有时二者相间。离河流越远的地方土壤质地越细，近河区比远河区颗粒粗。冲洪积母质上发育的土壤一般较肥沃，但保供水肥能力差。全盟该母质上的耕地面积为89 793.96hm^2，占耕地总面积的 37.12%。

（三）黄土状物

黄土状物是由风积沉积而形成的。在大兴安岭西坡坡麓及察哈尔低山丘陵坡麓地带均有分布。在黄土状母质上发育的土壤，土层深厚，土壤质地细，多为轻壤或中壤，保水保肥性能好，养分含量较高，但黄土状母质土壤抗侵蚀性不强，侵蚀较严重。全盟该母质类型上的耕地面积为67 901.85hm^2，占耕地总面积的 28.07%。

（四）河湖相沉积物

河湖相沉积物是一种非固结沉积物，地下水参与了母质的形成过程。主要分布在盆地外围、河流阶地上，全盟该母质类型上的耕地面积为20 368.13hm^2，占耕地总面积的 8.42%。

（五）风积物

风积物是风力搬运的砂质堆积物。主要分布在锡林郭勒盟的浑善达克和嘎亥额勒斯等沙地上。风积砂母质上发育的土壤多为风沙土或风积类型土壤，全剖面以沙或沙土为主，层次不明显，植被覆盖度极低，有机质及各种养分贫乏。全盟该母质类型上的耕地面积为21 795.36hm^2，占耕地总面积的 9.01%。

（六）泥质岩

泥质岩是由杂色泥质岩、页岩、板岩、凝灰岩等风化而成的。在泥质岩母质上发育的土壤，一般土层较厚，土壤质地比较细，多以中壤或黏壤土为主，不含砾石。多分布在丘间、台间平地或高原的低平地上，泥质岩母质在锡林郭勒盟分布极广，从南部的低山丘陵到北部的高平原上都有分布。全盟该母质类型上的耕地面积为 1 451.41hm^2，占耕地总面积的 0.60%。

二、坡度

坡度大的耕地土层薄，易造成水土流失，增加机械作业难度，降低耕地生产性能。近年锡林郭勒盟大于15°的坡耕地已陆续退耕还林还草，所以大部分耕地坡度小于 15°。其中<2°的耕地面积110 402.80hm^2，占全盟耕地面积的 45.64%；2°～6°的耕地面积100 111.39hm^2，占耕地面积的 41.39%；6°～15°的耕地面积31 311.00hm^2，占耕地面积的 12.94%；≥15°耕地面积 76.65hm^2，占耕地面积的 0.03%。各旗（县、市）中正蓝旗的坡耕地面积较大，6°～15°的坡耕地面积占全旗耕地的 90.59%。正镶白旗、西乌珠穆沁旗、苏尼特左旗、二连浩特市的耕地较平坦，坡度较小（表 1-10、表 1-11）。

表 1-10　耕地坡度分级及代码

坡度分级	≤2°	2°～6°	6°～15°	15°～25°
坡度级代码	Ⅰ	Ⅱ	Ⅲ	Ⅳ

表 1-11　全盟不同坡度等级耕地面积与分布

（单位：hm²）

名称	Ⅰ	Ⅱ	Ⅲ	Ⅳ	合计
太仆寺旗	46 210.56	40 748.41	7 266.79	37.43	94 263.18
占比（%）	49.02	43.23	7.71	0.04	100.00
多伦县	27 486.81	20 433.04	3 965.97	0.00	51 885.82
占比（%）	52.98	39.38	7.64	0.00	100.00
正蓝旗	1 904.14	16.39	18 858.63	39.22	20 818.38
占比（%）	9.15	0.08	90.59	0.19	100.00
正镶白旗	12 605.01	3 880.59	102.17	0.00	16 587.77
占比（%）	75.99	23.39	0.62	0.00	100.00
锡林浩特市	11 691.52	5 320.48	1.63	0.00	17 013.63
占比（%）	68.72	31.27	0.01	0.00	100.00
东乌珠穆沁旗	8 396.30	28 275.49	946.64	0.00	37 618.43
占比（%）	22.32	75.16	2.52	0.00	100.00
西乌珠穆沁旗	187.09	0.00	0.00	0.00	187.09
占比（%）	100.00				
苏尼特左旗	419.12	3.97	0.00	0.00	423.09
占比（%）	99.06	0.94	0.00	0.00	100.00
苏尼特右旗	1 141.38	657.58	55.15	0.00	1 854.12
占比（%）	61.56	35.47	2.97	0.00	100.00
二连浩特市	81.45	0.00	0.00	0.00	81.45
占比（%）	100.00	0.00	0.00	0.00	100.00
全盟	110 402.80	100 111.39	31 311.00	76.65	241 901.84
占比（%）	45.64	41.39	12.94	0.03	100

三、有效土层厚度

有效土层厚度是土壤生产能力的标志之一。锡林郭勒盟耕地有效土层厚度<30cm 的耕地面积21 054.94hm²，占总耕地面积的 8.80%；有效土层在 30～60cm 的耕地面积147 502.47 hm²，占总耕地面积的 60.98%；有效土层>60cm 的耕地面积73 344.43hm²，占总耕地面积的 30.32%。有效土层厚度<30cm 的耕地主要分布在太仆寺旗、正镶白旗；有效土层 30～60cm 的耕地主要分布在东乌珠穆沁旗（含乌拉盖管理区）、多伦县和正蓝旗；有效土层>60cm 的耕地主要分布在东乌珠穆沁旗（含乌拉盖管理区）（表 1-12）。

表 1-12　不同有效土层厚度耕地面积与分布

有效土层厚度	<30cm	30～60cm	>60cm	总计
面积（hm²）	21 054.94	147 502.47	73 344.43	241 901.84
占耕地总面积（%）	8.70%	60.98%	30.32%	100

四、侵蚀程度

土壤侵蚀是指在风力、水力的作用下，土壤表面被破坏、剥蚀。按侵蚀的程度分为轻度侵蚀、中度侵蚀和重度侵蚀。锡林郭勒盟土壤侵蚀主要是风蚀，它是造成当地耕地土壤退化的重要因素之一。全盟无侵蚀的耕地面积94 434.47hm^2，占耕地总面积的 39.04%；轻度侵蚀耕地面积92 764.75 hm^2，占耕地总面积的 38.35%；中度侵蚀耕地面积 53 995.26hm^2，占耕地总面积的 22.32%；重度侵蚀的耕地 707.36hm^2，占耕地总面积的 0.29%。风蚀沙化较严重的地区主要是苏尼特左旗、苏尼特右旗、镶黄旗和正镶白旗（表 1-13）。

表 1-13　不同侵蚀程度耕地面积与分布

侵蚀程度	无侵蚀	轻度侵蚀	中度侵蚀	重度侵蚀	合计
面积（hm^2）	94 434.47	92 764.75	53 995.26	707.36	241 901.84
占耕地总面积（%）	39.04	38.34	22.32	0.29	100

第三节　农业生产概况

一、农业发展历史

锡林郭勒盟历来以草原辽阔、水草丰美而著称。农业的历史最早可追溯到战国时期（公元 214 年）秦始皇筑长城，屯垦戍边，种田养畜，主要是解决戍边丁役粮食问题。经过历代封建王朝到中华人民共和国成立的 2 000 多年间，农业生产从未间断。据《国北三厅志》载：清乾隆年间清廷所征赋额田亩，仅察哈尔四旗（正蓝、正白、镶白、镶黄）土地已达 1.33 万 hm^2 之多。1902 年清政府设立“开垦蒙荒”的“垦务总局”，察哈尔设立了垦务分局。后来北洋军阀等统治者都设有开蒙荒的组织机构，农区垦荒种田逐渐向北推移。到 1932 年锡林郭勒盟南部耕地面积达到 11.27 万 hm^2，1937 年达到 12.04 万 hm^2，到 1949 年耕地面积发展到 13.47 万 hm^2。中华人民共和国成立前锡林郭勒盟农业是择沃而耕，撂荒种植。中华人民共和国成立后，农业生产得到了发展。1949—1986 年锡林郭勒盟耕地面积由 13.47 万 hm^2 扩大到 20.27 万 hm^2，增加 6.8 万 hm^2。中华人民共和国成立后，锡林郭勒盟农业经济发展与其他产业一样处在恢复、整顿、提高建设阶段。锡林郭勒盟农业主要是旱作农业，坡梁地多，滩地少，农业生产没有摆脱粗放的耕作方式，农民科技意识不强，抗御自然灾害能力弱，广种薄收，生产能力长期处在低水平运行之中。播种面积逐年增加，单位面积产量增幅不大，总产靠增加播种面积来获得。党的十一届三中全会后，农村经济体制改革，落实家庭联产承包制，极大地提高了广大农民的生产积极性。随着推行各种形式的联产承包责任制，克服了过去生产效率低和平均分配主义，扭转过去单纯抓粮食的片面做法，积极开展多种经营，使农村经济走上了综合发展的道路。1990 年后随着农业基础设施建设的加强，农业技术的大面积推广，农业机械的引进与使用，市场经济的引导及科技兴农使生产发展形势出现了前所未有好势头。特别是广泛推广使用化肥和配方施肥技术，良种繁育技术，作物模式化栽培技术等，使粮食产量大幅提高。2000 年后通过种植业结构的进一步调整，农业经济发展获得了根本性改变。粮食作物播种面积显著下降，经济作物播种面积大幅增长，农民收入大幅度提高，极大地激发了广大农民科学种田的积极性。近年来基于国家项目的支持，农业生产经营方式从单纯种植业向探索现代农业和可持续农业方向发展。政府出台开发水浇地、改良土壤、培肥地力和建设科技园区的鼓励政策，极大地调动了广大农民开发水浇地的积极性。同时在国家政策的扶持下，引进大型农业机械，应用测土配方施肥技术，示范推广良种及先进的栽培技术，开展农村新能源生态建设，使粮食和经济作物单产明显提高。

二、农业生产现状

锡林郭勒盟现有耕地面积241 901.84hm^2，农业主要集中在太仆寺旗、多伦县、正蓝旗、正镶白旗、锡林浩特市和苏尼特右旗。由于受热量条件的限制，农作物生长是一年一熟制。种植作物主要有：小麦、莜麦、玉米、马铃薯、胡麻及杂粮杂豆。从 2006 年起，锡林郭勒盟开始承担了国家测土配方施肥项目，到 2009 年已实现测土配方技术全盟全覆盖。在项目实施过程中，针对当地农业生产中存在的干旱缺水问题，实施了以节水灌溉为中心，以培肥地力为目的的中低产田改造工程。中低产田改造工程的实施，显著地改善了农业生产条件，有效地提高了耕地的综合生产能力。近年来国家加大了对耕地质量的监测和保护力度，建立了耕地质量长期定位监测点，监测耕地地力变化趋势。实施了有机质提升和减肥增效项目，增加了耕地有机肥投入，减少了不合理化肥施用，对提升耕地生产能力和保护环境起到了重要作用。

2018 年全盟粮食作物播种面积147 300hm^2。其中，小麦播种面积36 600hm^2，玉米播种面积18 700hm^2，莜麦播种面积44 900hm^2，马铃薯播种面积45 100hm^2。全年粮食总产量 36.98 万 t。其中，小麦产量 7.24 万 t，玉米产量 4.79 万 t，莜麦产量 5.69 万 t，马铃薯产量 18.97 万 t，油料产量 3.44 万 t，甜菜产量 11.64 万 t，蔬菜产量 49.83 万 t，瓜类总产量 1.31 万 t（图 1-1）。

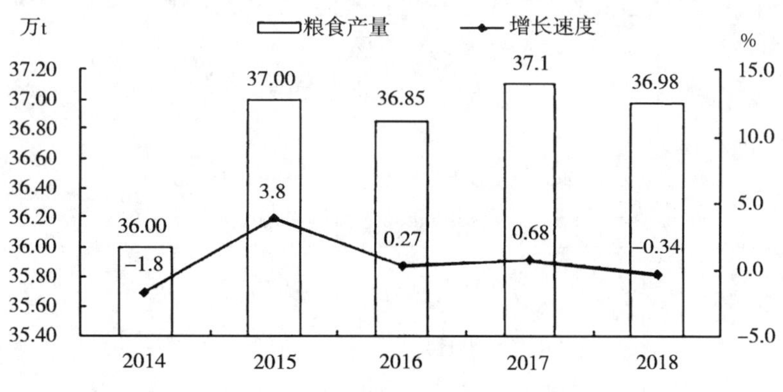

图 1-1　2014—2018 年粮食产量及其增长速度

第二章 耕地土壤类型及性状

第一节 耕地土壤类型及分布

根据锡林郭勒盟土壤分类系统，全盟耕地土壤类型主要有：栗钙土、黑钙土、草甸土、沼泽土、灰色森林土、风沙土、灰褐土、潮土、棕钙土、山地草甸土，共10个土类，24个亚类，55个土属（图2-1、表2-1）。

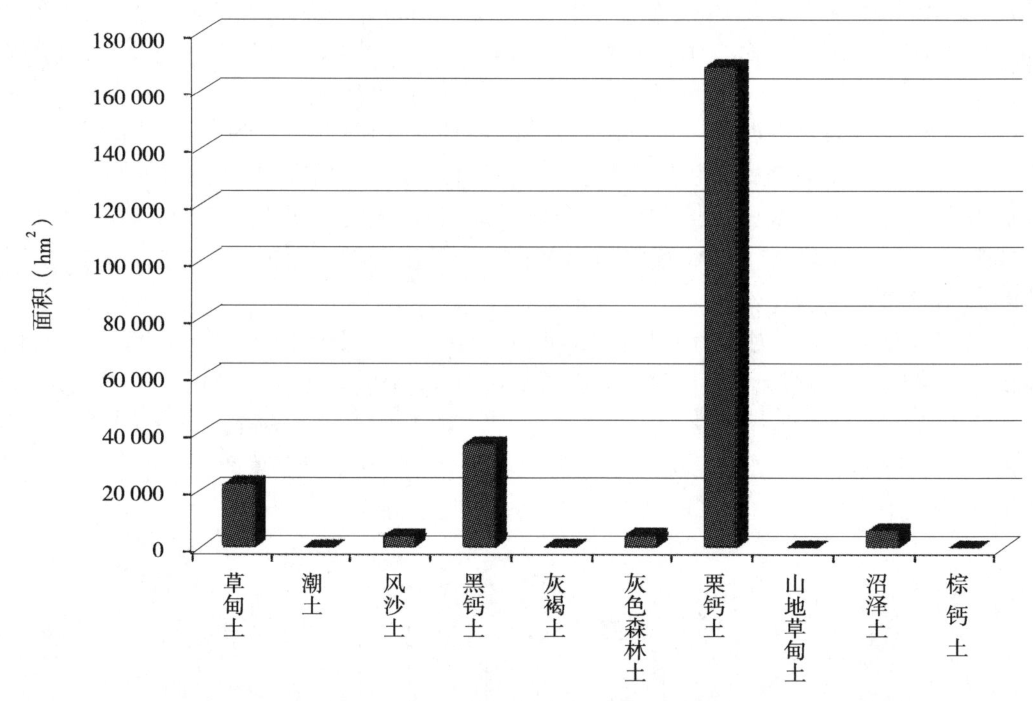

图2-1 全盟不同土壤类型耕地面积分布

表2-1 锡林郭勒盟耕地土壤类型

土类	亚类	土属
黑钙土	草甸黑钙土	壤质草甸黑钙土
		砂质草甸黑钙土
	淡黑钙土	冲洪积淡黑钙土
		黄土状淡黑钙土
		结晶岩淡黑钙土
	黑钙土	黄土状黑钙土
		结晶岩黑钙土

（续）

土类	亚类	土属
栗钙土	暗栗钙土	冲洪积暗栗钙土 结晶岩暗栗钙土 泥质岩暗栗钙土 坡洪积暗栗钙土 黄土状暗栗钙土 泥质岩暗栗钙土 砂质暗栗钙土 风积暗栗钙土
	草甸栗钙土	壤质草甸栗钙土 砂质草甸栗钙土 黏质草甸栗钙土 盐化草甸栗钙土
	粗骨栗钙土	粗骨栗钙土
	淡栗钙土	冲洪积淡栗钙土 结晶岩淡栗钙土 泥质岩淡栗钙土
	栗钙土	冲洪积栗钙土 黄土状栗钙土 结晶岩栗钙土 泥质岩栗钙土 砂砾岩栗钙土 风积栗钙土 风蚀栗钙土
山地草甸土	山地草甸土	山地草甸土
沼泽土	草甸沼泽土	草甸沼泽土
	腐泥沼泽土	腐泥沼泽土
	泥炭沼泽土	泥炭沼泽土
草甸土	草甸土	砂质草甸土 壤质草甸土
	石灰性草甸土	砂质石灰性草甸土 壤质石灰性草甸土 黏质石灰性草甸土
	灰色草甸土	砂质灰色草甸土 壤质灰色草甸土 黏质灰色草甸土
	暗色草甸土	砂质暗色草甸土 壤质暗色草甸土 黏质暗色草甸土
	盐化草甸土	氯化物盐化草甸土

（续）

土类	亚类	土属
灰色森林土	暗灰色森林土	结晶岩暗灰色森林土 黄土状暗灰色森林土
	灰色森林土	结晶岩灰色森林土 黄土状灰色森林土
潮土	潮土 盐化潮土	潮土 盐化潮土
风沙土	固定风沙土	草甸固定风沙土
灰褐土	灰褐土	褐淤土
棕钙土	棕钙土	结晶岩棕钙土

一、栗钙土

栗钙土是草原地区的主要土壤类型。分布在大兴安岭山区和南部低山丘陵的垂直地带上，上接黑钙土或灰褐土，下接棕钙土。锡林郭勒盟耕地栗钙土面积最大，分布最广，是当地的主要土壤类型。栗钙土是地带性土壤，在地带性分布上，随着气候差异从东往西依次分布着暗栗钙土、典型栗钙土、淡栗钙土。暗栗钙土东缘和黑钙土相接，淡栗钙土西缘与棕钙土相接。栗钙土的成土过程是腐殖质累积和钙积化过程，栗钙土的形态特征剖面层次发育明显。完整的剖面由腐殖质层、钙积层、母质层构成。其成土母质主要为黄土状物、冲洪积物和残坡积物。黄土母质上发育的栗钙土腐殖质层较厚，残坡积母质上发育的栗钙土腐殖质层较薄。栗钙土地区的植被为干草原植被，由旱生草类组成，以丛生禾本科植物为主，其主要建群种以针茅、羊草为主，其次为冷蒿、隐子草等。

锡林郭勒盟栗钙土耕地面积168 345.23hm^2，占全盟耕地面积的69.59%，各旗（县、市）均有分布。分布面积最大的是太仆寺旗，面积81 723.15hm^2，占栗钙土耕地面积的48.54%；其次是多伦县，面积38 111.81hm^2，占栗钙土耕地面积的22.64%（表2-2）。锡林郭勒盟栗钙土耕地包括暗栗钙土、淡栗钙土、草甸栗钙土、栗钙土、粗骨栗钙土5个亚类，23个土属。

表2-2 栗钙土耕地面积及分布

行政区	面积（hm^2）	占该土类面积（%）
太仆寺旗	81 723.15	48.54
多伦县	38 111.81	22.64
正蓝旗	16 849.63	10.01
正镶白旗	14 418.62	8.56
锡林浩特市	13 835.76	8.22
苏尼特右旗	1 849.52	1.10
镶黄旗	1 166.22	0.69

（续）

行政区	面积（hm^2）	占该土类面积（%）
东乌珠穆沁旗	203.93	0.12
西乌珠穆沁旗	186.58	0.11
合计	168 345.23	100.00

栗钙土养分状况普遍比黑钙土差，但高于棕钙土。栗钙土耕地养分平均含量为：有机质25.80g/kg、全氮1.342g/kg、有效磷12.6mg/kg、速效钾145mg/kg、有效硫16.2mg/kg、有效硅172.0mg/kg、有效铁11.16mg/kg、有效锰12.1mg/kg、有效铜0.50mg/kg、有效锌0.58mg/kg、水溶态硼0.52mg/kg、有效钼0.15mg/kg，土壤pH为8.1。

二、黑钙土

黑钙土是半湿润草甸草原的土壤。主要分布在东乌珠穆沁旗乌拉盖管理区—满都呼宝力格一线以东地区及大兴安岭山前低山丘陵区。黑钙土上接灰色森林土，下接暗栗钙土。黑钙土是属于温带草原植被下发育的土壤类型。主要建群种和优势种有线叶菊、贝加尔针茅、羊草等。杂类草有地榆、莲子菜、唐松草、萎陵菜等。黑钙土的成土过程是腐殖质累积和较弱的钙积化过程，黑钙土成土母质有黄土状物、洪冲积物和残坡积物。

锡林郭勒盟黑钙土耕地面积36 349.27hm^2，占全盟耕地土壤面积的15.03%。分布面积最大的是东乌珠穆沁旗（含乌拉盖管理区），该土类耕地面积28 133.01hm^2，占黑钙土耕地面积的77.40%；其次是太仆寺旗，面积4 563.08hm^2，占黑钙土耕地面积的12.55%（表2-3）。锡林郭勒盟黑钙土耕地包括草甸黑钙土、淡黑钙土、黑钙土3个亚类，7个土属。

表2-3　黑钙土耕地面积及分布

行政区	面积（hm^2）	占该土类面积（%）
东乌珠穆沁旗	28 133.01	77.40
太仆寺旗	4 563.08	12.55
多伦县	2 105.98	5.79
锡林浩特市	1 547.20	4.26
合计	36 349.27	100.00

黑钙土地区较湿润，植被为草甸草原植被，土壤表层有机质较丰富，土壤肥力较高。黑钙土耕地土壤养分平均含量为：有机质34.58g/kg、全氮2.148g/kg、有效磷14.2mg/kg、速效钾153mg/kg、有效硫12.2mg/kg、有效硅229.1mg/kg、有效铁29.73mg/kg、有效锰26.6mg/kg、有效铜0.80mg/kg、有效锌0.55mg/kg、水溶态硼0.76mg/kg、有效钼0.13mg/kg，土壤pH为7.8。

三、草甸土

草甸土是在草甸植被下发育而成的半水成土壤。草甸土所处地形主要为河流两岸阶地、河漫滩、丘间谷地，母质多为冲洪积物。自然植被以草甸植物为主，如马莲、萎陵菜、风毛菊、羊草等。草甸土成土过程除有强烈的腐殖化过程外，还有草甸化过程。由于土壤湿润，水分条件好，植物生长繁茂，为腐殖质的累积奠定了基础。由于土层干湿交替，从而引起氧化还原过程交替进行，使铁锰化合物发生移动并在局部淀积，形成铁的锈色斑纹层，这也是草甸土区别于其他土壤的典型特征。草甸土分布在乌拉盖河、滦河沿岸低平地和太仆寺旗、多伦县、正蓝旗、正镶白旗、锡林浩特市等地低山丘陵谷地。锡林郭勒盟耕地草甸土包括暗色草甸土、灰色草甸土、草甸土、石灰性草甸土、盐化草甸土 5 个亚类，12 个土属。

锡林郭勒盟草甸土耕地面积 22 196.2hm^2，占全盟耕地面积的 9%。分布面积最大的是太仆寺旗，该土类耕地面积 7 981.01hm^2，占草甸土耕地面积的 35.96%；其次是多伦县，该土类耕地面积 4 703.24hm^2，占草甸土耕地面积的 21.19%（表 2-4）。草甸土有机质较丰富，耕地养分平均含量为：有机质 30.55g/kg、全氮 1.630g/kg、有效磷 16.3mg/kg、速效钾 137mg/kg、有效硫 19.2mg/kg、有效硅 162.9mg/kg、有效铁 13.02mg/kg、有效锰 12.2mg/kg、有效铜 0.55mg/kg、有效锌 0.68mg/kg、水溶态硼 0.59mg/kg、有效钼 0.12mg/kg，土壤 pH 为 8.0。

表 2-4　草甸土耕地面积及分布

行政区	面积（hm^2）	占该土类面积（%）
太仆寺旗	7 981.01	35.96
多伦县	4 703.24	21.19
正蓝旗	3 970.4	17.89
正镶白旗	1 672.77	7.54
锡林浩特市	1 312.62	5.91
苏尼特左旗	423.09	1.91
东乌珠穆沁旗	2 135.8	9.62
合计	22 196.2	100.00

四、沼泽土

沼泽土是发育在河湖相沉积母质上的水成土壤。沼泽土主要分布在河泛地，湖淖周围的丘间、台间的低洼地带。沼泽土的成土过程主要为泥炭化和潜育化两个成土过程。剖面构型表层为腐殖质层或草根层、泥炭层，其下为潜育层。沼泽土所处的地形为局部低洼地，地下水位高，地表常年或季节性积水，土壤水分长期处于饱和状态。腐殖质层下为斑纹过渡层，其下为青灰色潜育层。沼泽土的植被以沼泽植物或喜湿性植物为主，如芦苇、苔草、香蒲、水葱、萎陵菜等，盖度达 80%～90%。锡林郭勒盟沼泽土耕地包括腐泥沼泽土、草甸沼泽土和泥炭沼泽土 3 个亚类，3 个土属。

锡林郭勒盟沼泽土耕地面积 5 969.39hm^2，占全盟耕地面积的 2.47%。分布面积最大的是东乌珠穆沁旗（含乌拉盖管理区），面积 3 809.17hm^2，占沼泽土耕地面积的 63.81%；其次是多伦县，该土类耕地面积 2 126.41hm^2，占 35.62%（表 2-5）。

表 2-5　沼泽土耕地面积及分布

行政区	面积（hm^2）	占该土类面积（%）
东乌珠穆沁旗	3 809.17	63.81
多伦县	2 126.41	35.62
锡林浩特市	33.80	0.57
合计	5 969.39	100.00

沼泽土养分含量较高，沼泽土耕地养分平均含量为：有机质 31.13g/kg、全氮 1.830g/kg、有效磷 14.9mg/kg、速效钾 131mg/kg、有效硫 16.0mg/kg、有效硅 216.4mg/kg、有效铁 24.29mg/kg、有效锰 21.3mg/kg、有效铜 0.75mg/kg、有效锌 0.45mg/kg、水溶态硼 0.70mg/kg、有效钼 0.12mg/kg，土壤 pH 为 7.8。

五、灰色森林土

灰色森林土是发育在森林草原地带森林植被下的土壤，分布在东乌珠穆沁旗东北部和西乌珠穆沁旗东部及南部的大兴安岭南端西坡，海拔 1 200m 以上的中低山地，下接黑钙土。灰色森林土的剖面特征是：土壤表层有 3～5cm 的枯枝落叶层，腐殖质层、淋溶层呈黑棕、暗棕色，厚 40～50cm，团块状结构，多根系。剖面中碳酸钙受到强烈淋溶，通体无石灰性反应。成土母质为花岗岩、流纹岩、玄武岩等岩石残坡积物，但大部分被黄土状物覆盖。植被是以山杨、白桦为主的次生林。

锡林郭勒盟该土类耕地面积 4 441.31hm^2，占全盟耕地面积的 1.84%。锡林郭勒盟灰色森林土耕地包括暗灰色森林土和灰色森林土 2 个亚类，4 个土属，主要分布在东乌珠穆沁旗（含乌拉盖管理区）和多伦县，分别占该土类耕地面积的 75.14%和 24.86%（表 2-6）。

表 2-6　灰色森林土耕地面积及分布

行政区	面积（hm^2）	占该土类面积（%））
东乌珠穆沁旗	3 337.15	75.14
多伦县	1 104.16	24.86
合计	4 441.31	100.00

灰色森林土土层深厚，自然肥力高，保水保肥力强。锡林郭勒盟灰色森林土耕地土壤养分平均含量为：有机质 38.11g/kg、全氮 2.394 g/kg、有效磷 16.1 mg/kg、速效钾 134 mg/kg、有效硫 9.3 mg/kg、有效硅 379.5mg/kg、有效铁 42.57 mg/kg、有效锰 41.3 mg/kg、有效铜 1.12 mg/kg、有效锌 0.50 mg/kg、水溶态硼 0.72mg/kg、有效钼 0.12mg/kg，土壤 pH 为 7.2。

六、风沙土

风沙土是风积母质上发育的土壤，是一种地带性不明显的幼年土壤。锡林郭勒盟境内的风沙土主要分布在浑善达克沙地和嘎亥额勒斯沙带，其他地区少量零星分布。风沙土地区地表覆盖着沙生植被和旱生草本植被，主要有沙蒿、沙鞭、沙生冰草等。在固定风沙土地段有旋覆花、沙引草、沙珍棘豆、细叶扁蓿豆、冷蒿、糙隐子草等。它的形成主要有两个条件：一是沙源，二是风动力。一般来说风沙土的形成、演变与沙地植被生长直接相关，当处于自然植被减少、表土侵蚀严重情况下，固定风沙土则逐渐变为半固定风沙土或流动风沙土。因此保护沙地植被对风沙土逆转具有十分重要的作用。锡林郭勒盟风沙土耕地主要包括固定风沙土亚类草甸固定风沙土 1 个土属。

锡林郭勒盟该土类耕地面积为 4 019.82hm^2，占全盟耕地面积的 1.66%。该土类耕地面积最大的是多伦县，为 3 734.94hm^2，占风沙土耕地面积的 92.91%；其次是锡林浩特市，该土类耕地面积 283.95hm^2，占 7.06%（表 2-7）。

表 2-7　风沙土耕地面积及分布

行政区	面积（hm^2）	占该土类面积（%）
多伦县	3 734.91	92.91
锡林浩特市	283.95	7.06
正镶白旗	0.96	0.02
合计	4 019.82	100.00

风沙土耕地养分平均含量为：有机质 23.27g/kg、全氮 1.125g/kg、有效磷 15.6 mg/kg、速效钾 119mg/kg、有效硫 26.2mg/kg、有效硅 147.9mg/kg、有效铁 15.81mg/kg、有效锰 14.5mg/kg、有效铜 0.47mg/kg、有效锌 0.52mg/kg、水溶态硼 0.53mg/kg、有效钼 0.10mg/kg，土壤 pH 为 8.2。

七、灰褐土

灰褐土是干旱、半干旱地区的山地森林土壤。主要分布在正镶白旗八支箭山地和刀楞山地 1350 m 以上低山丘陵区。灰褐土腐殖质层较厚，一般 30 cm 左右，有弱的淋溶现象，无石灰反应，颜色为暗棕色。灰褐土植被主要是灌丛草甸植被，在低山阴坡尚有成片状、岛状的天然次生林。灌丛有虎榛子、绣线菊、野刺玫、山杏、山樱桃、小叶锦鸡儿等，草本植物有羊草、短苔草、地榆、萎陵菜、唐松草、针茅、隐子草及山丹等。由于灌丛草甸植物生长繁茂，盖度高，气候冷凉，温差大，所以土壤有机质积累较多。林地植被是灰褐土成土过程的主导因素，在中性条件下弱淋溶是灰褐土的主要特征，腐殖质累积和碳酸盐在土壤中淀积是灰褐土的主要成土过程。

锡林郭勒盟该土类耕地面积 494.01hm^2，占全盟耕地面积的 0.20%，集中分布在正镶白旗。锡林郭勒盟灰褐土耕地包括灰褐土亚类褐淤土 1 个土属。

灰褐土土层深厚，保水保肥性能好，肥力较高。耕地养分含量平均为：有机质 25.83g/kg、全氮 1.399 g/kg、有效磷 8.0mg/kg、速效钾 191mg/kg、有效硫 10.8mg/kg、有效硅 201.7mg/kg、有效铁 11.66mg/kg、有效锰 14.0mg/kg、有效铜 0.44mg/kg、有效锌 0.56mg/kg、水溶态硼 0.50mg/kg、有效钼 0.11mg/kg，土壤 pH 为 7.9。

八、潮土

潮土分布地区绝大部分为荒漠化草原地带，气候干旱、少雨、气温高。植物以旱生和超旱生为主，植物矮小疏松，因此潮土腐殖质化过程较弱，有机质累积较少。另一个成土过程是草甸化过程，潮土分布在淡栗钙土、棕钙土地区的低洼地，地下水 1～2.5m，由于受地下水季节性的影响，土壤中下部不断处于氧化还原状态，形成了铁的锈色斑纹层即潴育层。土壤底部因长期地下水饱和处于还原状态形成青灰色潜育层。潮土是由腐殖质层、潴育层及潜育层构成。腐殖质层为棕色或棕黄色，厚度 20～25cm，多为砂壤土，粒状结构。潴育层厚 30～40cm，黄色，沙，无结构。其下为青灰色的潜育层，母质为冲积、湖积物。

锡林郭勒盟潮土耕地面积 84.99hm^2，占全盟耕地面积的 0.04%。主要分布在苏尼特右旗、镶黄旗和二连浩特市，分别占该土类耕地面积的 94.96%、4.51%和 0.5%（表 2-8）。锡林郭勒盟潮土耕地土壤包括潮土和盐化潮土 2 个亚类，2 个土属。

表 2-8　潮土耕地面积及分布

行政区	面积（hm^2）	占该土类面积（%）
二连浩特市	80.71	94.96
苏尼特右旗	3.84	4.51
镶黄旗	0.45	0.5
合计	84.99	100.00

潮土耕地养分平均含量为：有机质 10.60 g/kg、全氮 0.606 g/kg、有效磷 8.9 g/kg、速效钾 190mg/kg、有效硫 8.9mg/kg、有效硅 172.7mg/kg、有效铁 23.32mg/kg、有效锰 11.1mg/kg、有效铜 0.63mg/kg、有效锌 0.34mg/kg、水溶态硼 0.82mg/kg、有效钼 0.12mg/kg，土壤 pH 为 7.4。

九、棕钙土

棕钙土是草原向荒漠过渡的地带性土壤。主要分布在锡林郭勒盟西部的苏尼特左旗、苏尼特右旗、二连浩特市。棕钙土的腐殖质层颜色呈棕色，分布地区的地貌类型主要为层状、波状高平原或剥蚀残丘，该土壤类型区平坦辽阔，海拔高度1 000～1 100m。成土母质为结晶岩、泥质岩和冲洪积物等。棕钙土地区的气候属于温带干旱的大陆性气候，较其他地区干旱、少雨、气温高。棕钙土的植被是荒漠化草原类型，建群种和优势种有小针茅、戈壁针茅、沙蒿、冷蒿、多根葱、无芒隐子草、沙生冰草、珍珠柴、红砂、中亚苔草等。棕钙土的成土过程和栗钙土一样，都是在腐殖质化和钙积化过程综合作用下形成的，但在程度上棕钙土的腐殖质化过程减弱而钙积化过程却大大加强。锡林郭勒盟棕钙土耕地包括棕钙土亚类结晶岩棕钙土 1 个土属。

锡林郭勒盟棕钙土耕地面积 0.75hm^2，主要分布在二连浩特市和苏尼特右旗，分别占该土类耕地面积的 98.59%和 1.41%（表 2-9）。

表 2-9　棕钙土耕地面积及分布

行政区	面积（hm^2）	占该土类面积（%）
二连浩特市	0.74	98.59
苏尼特右旗	0.01	1.41
合计	0.75	100.00

棕钙土土层薄，砾石多，质地粗，土壤侵蚀严重，养分含量低。全盟棕钙土耕地养分平均含量为：有机质 11.41g/kg、全氮 0.730 g/kg、有效磷 4.5mg/kg、速效钾 160mg/kg、有效硫 17.4mg/kg、有效硅 124.7mg/kg、有效铁 5.24mg/kg、有效锰 8.8mg/kg、有效铜 0.45mg/kg、有效锌 0.50mg/kg、水溶态硼 0.76mg/kg、有效钼 0.13mg/kg，土壤 pH 为 8.4。

十、山地草甸土

山地草甸土是山地垂直带上土壤之一。主要分布在大兴安岭南段西坡，海拔 1 200m 以上的山地，常与灰色森林土呈复区存在，集中分布在东乌珠穆沁旗宝格达山南部和西南部。锡林郭勒盟山地草甸土耕地面积 0.59hm^2，主要分布在东乌珠穆沁旗。山地草甸土所处环境气候冷凉半湿润，年平均气温 0℃左右，降雨量 400mm 左右，集中在 7、8、9 三个月。≥10℃的有效积温 2100℃，无霜期 80～90d。夏季凉爽湿润，冬季寒冷而漫长。山地草甸土植物为中生草甸草原类型，主要有地榆、线叶菊、山地委陵菜、羊草、寸苔草等。山地草甸土只划分为山地草甸土亚类和山地草甸土土属。

山地草甸土养分含量比较高，全盟山地草甸土耕地养分平均含量为：有机质 58.08 g/kg、全氮 3.578g/kg、有效磷 9.9mg/kg、速效钾 200mg/kg、有效硫 3.81mg/kg、有效硅 223.8mg/kg、有效铁 11.60mg/kg、有效锰 10.4mg/kg、有效铜 0.81mg/kg、有效锌 0.40mg/kg、水溶态硼 1.06mg/kg、有效钼 0.14mg/kg，土壤 pH 为 6.9。

第二节　耕地质量调查与测试分析

一、调查采样

调查采样是地力调查和评价工作的基础。

（一）采样点布设

以锡林郭勒盟的土地利用现状图（2012 年）为工作底图，采样前详细了解采样地区的地形地貌、土壤类型、施肥水平等，根据调查掌握的情况划分采样单元，以土种为基础进行整体布局，所有土种都进行采样，结合土壤图、地形图，勾绘采样单元，确定采样点数。同一采样单元的地形地貌、土壤类型、施肥水平等因素基本一致，确保样点具有代表性。在每个采样单元的中心位置选择 1 个 1～10 亩大小的典型地块，布设 1 个采样点，并在图上标明位置。

（二）土壤样品采集方法

应用布设好的样点分布图，在野外确定具体的采样地块，用 GPS 定位，确定具体空间位置。每个采样地块，按照“随机”、“等量”和“多点混合”的原则，采集 10 个样点的土样，均匀混合后用“四分法”留取 1kg 左右的样品成为 1 个混合样，采样深度 0～20cm，并在土袋上注明野外编号。一袋土样填写两张标签，内外各一张，标签上的野外编号要与土袋上的野外编号一致。

（三）采样地块基本情况调查

采样时对采样地块自然条件：地貌类型、地形部位、田面坡度、地下水位、降水量、有效积温、无霜期；生产条件：农田排水能力、灌溉方式、种植制度、生产水平等；土壤情况：土类、亚类、土属、土种、侵蚀程度、耕层厚度等进行调查。

耕地地力调查与评价是在充分利用现有资料的基础上，结合本次调查结果，利用县域耕地资源系统等高新技术来综合分析和评价。

（四）采样数量

锡林郭勒盟耕地面积 241 901.84hm^2，共布设采样点 29 529 个，样点平均代表面积为 8.2hm^2。

二、测试分析与质量控制

（一）化验室建设及测试能力

锡林郭勒盟土壤肥料工作站中心化验室坐落在太仆寺旗宝昌镇，是第二次土壤普查时建立的。化验室建筑面积 360m^2，具备土壤常规分析检验、中微量元素分析检测、肥料分析检测、植物样品分析检测等测试能力。2006 年为适应测土施肥项目的多项目、大批量、高精度的技术要求，又对化验室进行了改造维修和重新布局，划分出了必备功能室，购置更新了部分仪器设备，使化验室在原有的基础上得到了完善。

（二）分析项目及方法

1. 土壤样品分析

为全面掌握和了解耕地土壤养分现状及障碍因素，对土壤样品进行了 21 个项目的分析测试，其中全部土壤样品分析测试了有机质、全氮、碱解氮、有效磷、速效钾、缓效钾、土壤 pH、水溶态硼、有效锌、有效铁、有效锰、有效铜和有效硫 13 个项目，10%的样品分析测试了全磷、全钾、有效钼、交换性镁、土壤质地和阳离子交换量，5%的样品分析测试了交换性钙和有效硅。2006—2014 年全盟 12 个旗（县、市）共测试分析了土壤样品29 529个，分析化验371 151项次（表 2-10）。

表 2-10　土壤各种理化性状分析化验项目及方法

化验项目	化验方法
土壤 pH	电位法
阳离子交换量	EDTA-乙酸铵盐交换法
有机质	重铬酸钾—硫酸溶液—油浴法
全氮	凯氏蒸馏法
碱解氮	碱解扩散法
全磷	氢氧化钠熔融—钼锑抗比色法

（续）

化验项目	化验方法
有效磷	碳酸氢钠浸提—钼锑抗比色法
全钾	氢氧化钠熔融—火焰光度计
缓效钾	硝酸提取—火焰光度计
速效钾	乙酸铵浸提—火焰光度法
有效铁	DTPA 浸提—原子吸收分光光度法
有效锰	DTPA 浸提—原子吸收分光光度法
有效铜	DTPA 浸提—原子吸收分光光度法
有效锌	DTPA 浸提—原子吸收分光光度法
有效硼	沸水浸提—甲亚胺-H 比色法
有效钼	草酸—草酸铵浸提—极谱法
有效硫	磷酸盐—乙酸浸提—硫酸钡比浊法
有效硅	柠檬酸浸提—硅钼蓝比色法
土壤质地	简易比重计法
合计	—

2. 植物样品分析

植物样品的测试包括对籽实和茎叶的全氮、全磷、全钾含量的测定。其中，全氮采用硫酸—过氧化氢消煮—半微量蒸馏法测定，全磷采用钒钼黄吸光光度法测定，全钾用火焰光度法测定。

（三）分析测试质量控制

为提高测试分析的准确度，在操作过程中严格按照测试技术规程规定的标准进行，同时还采用了平行双样、再现性、重复性质量控制，控制样内检、测试样品外检等质量控制手段。每个批次做 40～60 个样品，带 1 个参比样和 10 个平行双样。每批样品做完后均由化验室主任对测试结果进行检查，全部符合标准要求再进行下一个批次的测试。

第三节　耕地土壤大量元素现状

通过全盟 2006—2014 年 29 529 个调查点位耕地表层（0～20cm）土壤分析化验结果，统计分析了有机质、全氮、有效磷、速效钾等养分数据，初步掌握了锡林郭勒盟耕地养分状况及分布情况。

（一）有机质

土壤有机质是土壤的重要组成部分，直接影响土壤的各种理化性状，是反映土壤肥力的综合指标。它能调节土壤营养状况，影响土壤水、肥、气、热条件。土壤有机质是土壤中碳、氮、磷等元素的重要来源，也是土壤微生物活动所需能量的重要来源，能提高土壤的保肥、保水能力和缓冲性。土壤有机质含量是衡量土壤肥沃程度和生产能力的重要指标。土壤有机质含量的高低与成土因素中的气候、植被等条件密切相关。

根据全盟29 529个土壤样品有机质含量的测试分析结果，统计分析了全盟各旗（县、市）及不同土壤类型耕地土壤有机质含量（表2-11）。

锡林郭勒盟耕地土壤有机质平均含量为27.07g/kg，变幅为10.16～83.10g/kg，属中等水平。有机质含量大于46.41g/kg的极高水平面积为28 258.62hm²，占耕地面积的11.68%。主要分布在东乌珠穆沁旗（含乌拉盖管理区），占该等级面积的99%；多伦县占该等级面积的1%。有机质含量在36.97～46.41g/kg的高水平面积15 950.08 hm²，占耕地面积的6.59%。主要分布在东乌珠穆沁旗的乌拉盖管理区，占该等级面积的55.3%；太仆寺旗、多伦县、锡林浩特、正蓝旗都有分布，分别占该等级面积的16.2%、13.8%、13.1%和1.5%。有机质含量在17.38～36.97g/kg的中等水平面积最大，为186 420.47hm²，占耕地面积的77.06%，各旗（县、市）均有分布。其中分布面积最大的是太仆寺旗，占该等级面积的49.1%；其次是多伦县，占该等级面积的25.6%。有机质含量在9.31～17.38g/kg的低水平面积11 272.68hm²，占耕地面积的4.66%，除东乌珠穆沁旗（含乌拉盖管理区）外各旗（县、市）均有分布。其中面积最大的是正镶白旗，占该等级面积的57.3%；其次为苏尼特右旗，占该等级面积的16.1%。

表2-11　全盟耕地土壤有机质含量分布

水平	极低	低	中	高	极高
含量（g/kg）	<9.31	9.31～17.38	17.38～36.97	36.97～46.41	>46.41
面积（hm²）	120.10	11 272.68	186 420.47	15 950.08	28 258.62
占比（%）	0	4.66	77.06	6.59	11.68

注：分级标准应用全区阴山北麓区有机质分级标准。

1. 不同土壤类型有机质含量

从土壤类型看，全盟耕地土壤有机质平均含量最高的是山地草甸土，为58.08g/kg；其次是灰色森林土，为38.11g/kg；有机质含量最低的是潮土，为10.60g/kg。不同土类有机质含量大小排序为：山地草甸土>灰色森林土>黑钙土>沼泽土>草甸土>灰褐土>栗钙土>风沙土>棕钙土>潮土（表2-12）。

表2-12　不同土类有机质含量

土类	有机质（g/kg）	
	变幅	平均值
草甸土	10.16～64.75	30.55
风沙土	18.25～30.60	23.27
黑钙土	13.59～76.02	34.58
灰褐土	17.42～34.76	25.83
灰色森林土	16.84～65.96	38.11
栗钙土	12.23～64.83	25.80

（续）

土类	有机质（g/kg）	
	变幅	平均值
山地草甸土	58.08～83.10	58.08
沼泽土	15.63～65.96	31.13
棕钙土	10.82～12.90	11.41
潮土	9.60～16.60	10.60
平均	9.60～83.10	27.07

2. 各旗县市有机质含量

全盟耕地土壤有机质平均含量 27.07g/kg，东乌珠穆沁旗（含乌拉盖管理区）平均含量最高，为 51.45g/kg；其次是太仆寺旗，平均为 27.88g/kg；平均含量最低的是二连浩特市，为 10.83g/kg（表 2-13）。

表 2-13　全盟耕地土壤有机质含量

行政区	有机质（g/kg）	
	变幅	平均值
太仆寺旗	15.74～42.62	27.88
多伦县	15.49～64.83	25.80
正蓝旗	15.62～40.30	23.90
正镶白旗	12.23～30.80	18.41
锡林浩特市	10.16～46.01	25.10
东乌珠穆沁旗	25.74～83.10	51.45
西乌珠穆沁旗	22.06～22.43	22.31
苏尼特左旗	12.86～17.31	15.38
苏尼特右旗	13.23～17.97	15.11
镶黄旗	16.97～26.68	21.52
二连浩特市	10.82～10.92	10.83
平均	10.16～83.10	27.07

（二）全氮

土壤中的全氮含量代表氮素的总储量和供氮能力，因此全氮含量与有机质一样是土壤肥力的重要指标之一，土壤全氮与有机质的含量成正相关，土壤全氮含量的多少主要取决于有机质的含量。全盟耕地土壤全氮含量变幅为 0.545～3.578g/kg，平均为 1.480g/kg，属中等偏低水平（表 2-14）。

表 2-14　全盟耕地土壤全氮含量分布

水平	极低	低	中	高	极高
含量（g/kg）	<0.770	0.770～1.120	1.120～1.970	1.970～2.380	>2.380
面积（hm^2）	450.9	31 170.85	163 907.78	18 174.11	28 198.19
占比（%）	0.19	12.89	67.76	7.51	11.66

注：分级标准应用全区阴山北麓区全氮分级标准。

全盟耕地土壤全氮含量>2.380g/kg 的极高水平面积 28 198.19hm^2，占耕地面积的 11.66%。主要分布在东乌珠穆沁旗的乌拉盖管理区，占该等级面积的 95.93%；其次是太仆寺旗，占该等级面积的 1.58%；多伦县、锡林浩特市、正镶白旗、正蓝旗均有少量分布。全氮含量在 1.970～2.380g/kg 的高水平面积为 18 174.11hm^2，占耕地面积的 7.51%。主要分布在东乌珠穆沁旗的乌拉盖管理区，占该等级面积的 51.07%；其次是太仆寺旗，占该等级面积的 24%；锡林浩特市、多伦县、正蓝旗、正镶白旗都有分布。全氮含量在 1.120～1.970g/kg 的中等水平面积最大，为 163 907.78hm^2，占耕地面积的 67.76%。主要分布在太仆寺旗，占该等级面积的 52.40%；其次是多伦县，占该等级面积的 22.51%；正蓝旗、锡林浩特市、正镶白旗等均有分布。全氮含量在 0.770～1.120 g/kg的低等水平面积 31 170.85hm^2，占耕地面积的 12.89%。主要分布在多伦县，占该等级面积的 41.62%；其次是正镶白旗，占该等级面积的 26.52%；正蓝旗、苏尼特右旗、锡林浩特市、苏尼特左旗、镶黄旗都有分布。全氮含量<0.770g/kg 的极低水平面积 450.90hm^2，占耕地面积的 0.19%。主要分布在锡林浩特市和多伦县，分别占该等级面积的 44.78%和 34.67%；二连浩特市、苏尼特左旗均有分布。

1. 不同土壤类型全氮含量

从土壤类型看，全盟耕地土壤全氮含量最高的是山地草甸土，为 3.578g/kg；其次是灰色森林土，为 2.394g/kg；全氮含量最低的是潮土，为 0.606g/kg。不同土类全氮含量大小排序为：山地草甸土>灰色森林土>黑钙土>沼泽土>草甸土>灰褐土>栗钙土>风沙土>棕钙土>潮土（表 2-15）。

表 2-15　不同土类全氮含量

土类	全氮（g/kg）	
	变幅	平均值
草甸土	0.550～3.110	1.630
风沙土	0.900～1.560	1.125
黑钙土	0.590～3.460	2.148
灰褐土	1.090～1.800	1.399
灰色森林土	0.800～3.210	2.394
栗钙土	0.660～3.200	1.342
山地草甸土	3.09～4.066	3.578
沼泽土	0.800～3.210	1.830

（续）

土类	全氮（g/kg）	
	变幅	平均值
棕钙土	0.550～1.169	0.730
潮土	0.545～0.972	0.606
平均	0.545～4.066	1.480

2. 各旗县市全氮含量

全盟耕地土壤全氮平均含量1.480g/kg，东乌珠穆沁旗（含乌拉盖管理区）平均含量最高，为2.560g/kg；其次是太仆寺旗，平均1.530g/kg；含量最低的是二连浩特市，为0.550g/kg（表2-16）。

表2-16　全盟耕地土壤全氮含量

行政区	全氮（g/kg）	
	范围	平均值
东乌珠穆沁旗	1.170～4.066	2.560
多伦县	0.760～3.080	1.350
二连浩特市	0.545～0.590	0.550
苏尼特右旗	0.820～1.150	0.930
苏尼特左旗	0.700～1.030	0.980
太仆寺旗	0.921～2.540	1.530
西乌珠穆沁旗	1.330～1.370	1.340
锡林浩特市	0.590～2.500	1.396
镶黄旗	0.982～1.450	1.228
正蓝旗	0.801～2.720	1.320
正镶白旗	0.780～1.260	1.130
平均	0.545～4.066	1.480

（三）碱解氮

土壤碱解氮，也叫有效氮，能反映土壤近期内氮素供应情况。锡林郭勒盟耕地土壤的碱解氮平均含量97.0mg/kg，变幅16.1～446.0mg/kg，属于中等偏低水平。含量>250mg/kg的极高水平面积最小，为3 489.79hm^2，仅占耕地面积的0.42%，主要分布在东乌珠穆沁旗（含乌拉盖管理区），占该等级面积的40%；其次是多伦县和太仆寺旗，分别占33.33%和26.67%。含量在200～250mg/kg的较高水平面积3 489.79hm^2，占耕地面积的1.44%，主要分布在东乌珠穆沁旗（含乌拉盖管理区），占该等级面积的56.10%；其次是太仆寺旗，占25.37%；多伦县和锡林浩特市均有分布。含量在150～200mg/kg的高水平面积21 585.61hm^2，占耕地面积的8.92%，主要分布在东乌珠穆沁旗（含乌拉盖管理区），占该等级面积的70.50%；其次是太仆寺旗和多伦县，分别占该等级面积的13.41%和12.15%；锡林浩特、正蓝旗也均有分布。含量在100～150mg/kg的中等水平面积54 100.21hm²，占耕地面积的22.36%，主要分布在多伦县和太仆寺旗，分别占该等级面积的41.32%和37.82%；正蓝旗、锡林浩特、正镶白旗均有分布。耕地土壤碱解氮含量分布在50～100mg/kg的低水平耕地面积最大，占耕地总面积的63.04%。主要分布在多伦县和太仆寺旗，分别占该等级面积的46.09%和21.78%；正镶白旗、正蓝旗、苏尼特右旗等均有分布。土壤碱解氮含量<50mg/kg的极低水平面积9209.63hm²，占耕地总面积的3.81%，主要分布在多伦县，占该等级面积的72.83%；其次是苏尼特右旗，占22.55%；太仆寺旗、正蓝旗、锡林浩特、镶黄旗等均有分布（表2-17）。

表2-17 全盟耕地土壤碱解氮含量分布

水平	极低	低	中	高	较高	极高
含量（mg/kg）	<50	50～100	100～150	150～200	200～250	>250
面积（hm²）	9 209.63	152 495.17	54 100.21	21 585.61	3 489.79	1 021.4
占比（%）	3.81	63.04	22.36	8.92	1.44	0.42

1. 不同土壤类型碱解氮含量

从土壤类型看，全盟耕地土壤碱解氮平均含量最高的是山地草甸土，为286.5mg/kg；其次是黑钙土，为168.9mg/kg；碱解氮含量最低的是棕钙土，为44.9mg/kg。不同土类碱解氮平均含量大小排序为：山地草甸土>黑钙土>灰色森林土>沼泽土>草甸土>栗钙土>风沙土>灰褐土>潮土>棕钙土（表2-18）。

表2-18 不同土类碱解氮含量

土类	碱解氮（mg/kg）	
	变幅	平均值
草甸土	28.0～446.0	104.4
风沙土	51.5～128.7	81.7
黑钙土	44.0～288.8	168.9
灰褐土	61.0～74.0	66.5
灰色森林土	44.0～293.8	147.1
栗钙土	21.0～410.0	88.4
山地草甸土	286.2～286.7	286.5
沼泽土	44.0～293.6	128.3
棕钙土	16.1～104.1	44.9
潮土	32.2～80.6	52.9
平均	16.1～446.0	97.0

2. 各旗县市碱解氮含量

全盟耕地土壤碱解氮平均含量97.0mg/kg，东乌珠穆沁旗（含乌拉盖管理区）平均含量最高，为185.3mg/kg；其次是西乌珠穆沁旗，为113.4mg/kg；含量最低的是二连浩特市，平均为43.1mg/kg（表2-19）。

表 2-19　全盟耕地土壤碱解氮含量

行政区	碱解氮（mg/kg）	
	范围	平均值
东乌珠穆沁旗	45.6～293.8	185.3
多伦县	21～286.0	85.9
二连浩特市	27.5～80.6	43.1
苏尼特右旗	19.7～104.1	54.2
苏尼特左旗	16.1～80.6	45.2
太仆寺旗	39～446.0	101.3
西乌珠穆沁旗	47.7～223.4	113.4
锡林浩特市	41.6～217.2	112.4
镶黄旗	28.5～185.2	80.7
正蓝旗	45～176.1	91.2
正镶白旗	52.2～125.7	76.4
平均	16.1～446.0	97.0

（四）磷素

磷是植物生长所必需的营养元素，也是有机循环中的主要成分。植物必须有磷才能完成其正常生长过程。

1. 全磷

全磷即磷的总贮量，可分为无机磷和有机磷两大类。土壤全磷含量一般不能确切反应磷素供应水平，全磷高时并不意味着磷素供应充足。

锡林郭勒盟耕地全磷平均含量 0.392g/kg，变幅 0.054～5.470g/kg，属于偏低水平。其中全磷含量分布在 0.2～0.4g/kg 的低水平面积较大，占 54.05%；全磷含量在 0.4～0.6g/kg 的中等水平占 29.82%。

（1）不同土类全磷含量　从土壤类型看，不同土壤类型全磷含量不同。全盟耕地土壤全磷平均含量最高的是山地草甸土，为 0.431g/kg；其次是草甸土，为 0.430g/kg；含量最低的是棕钙土，为 0.267g/kg。不同土类全磷含量大小排序为：山地草甸土＞草甸土＞黑钙土＞灰褐土＞棕钙土＞灰色森林土＞栗钙土＞潮土＞沼泽土＞风沙土。

（2）各旗县市全磷含量　全盟耕地全磷平均含量 0.392，全磷平均含量最高的是苏尼特右旗，为 0.455g/kg；其次是苏尼特左旗，平均为 0.454mg/kg；含量最低的是多伦县，为 0.311g/kg（表 2-20）。

表 2-20　全盟耕地土壤全磷含量

行政区	全磷（g/kg）	
	变幅	平均值
东乌珠穆沁旗	0.054～2.053	0.422
多伦县	0.084～1.980	0.311
二连浩特市	0.102～0.610	0.342

（续）

行政区	全磷（g/kg）	
	变幅	平均值
苏尼特右旗	0.114～1.154	0.455
苏尼特左旗	0.102～0.600	0.454
西乌珠穆沁旗	0.078～0.570	0.436
锡林浩特市	0.140～0.830	0.329
太仆寺旗	0.152～3.470	0.444
正蓝旗	0.062～0.890	0.315
正镶白旗	0.135～2.850	0.392
镶黄旗	0.125～0.710	0.430
平均	0.054～5.470	0.392

2. 有效磷

土壤有效磷是指土壤中水溶性和弱酸溶性磷，是作物能够直接吸收利用的磷。土壤有效磷含量是衡量土壤磷素供应能力的一项重要指标。锡林郭勒盟耕地土壤有效磷平均含量为11.5mg/kg，变幅为3.5～174.1mg/kg，属中等偏低水平。有效磷含量>28.1mg/kg的极高水平面积4 236.6hm²，占耕地面积的1.75%，主要分布在东乌珠穆沁旗（含乌拉盖管理区），占该等级面积的42.5%；其次为多伦县，占该等级面积的29%；太仆寺旗、锡林浩特市也有分布，分别占该等级耕地面积的13.8%和14.6%。有效磷含量在21.2～28.1mg/kg的高水平面积6 951.65hm²，占耕地面积面积的2.87%，主要分布在东乌珠穆沁旗（含乌拉盖管理区），占该等级耕地面积的61.7%；其次是太仆寺旗，占该等级耕地面积的21%；多伦县、正蓝旗、锡林浩特市也有分布。有效磷含量在9.1～21.2mg/kg的中等水平面积136 956.46hm²，占耕地面积的56.62%，主要分布在东乌珠穆沁旗（含乌拉盖管理区）和太仆寺旗，分别占该等级耕地面积22.0%和39.2%。含量在5.2～9.1mg/kg的低水平面积86 561.25hm²，占耕地面积的35.78%，主要分布在太仆寺旗和多伦县，分别占该等级耕地面积的42.4%和26.9%，其他旗（县、市）也有分布。有效磷含量<5.2mg/kg的极低水平面积7 195.88hm²，占耕地面积的2.97%，主要分布在太仆寺旗、多伦县和正蓝旗，分别占该等级面积的27.2%、24.3%和26.1%（表2-21）。

表2-21　全盟耕地土壤有效磷含量分布

水平	极低	低	中	高	极高
含量（mg/kg）	<5.2	5.2～9.1	9.1～21.2	21.2～28.1	>28.1
面积（hm²）	7 195.88	86 561.25	136 956.46	6 951.65	4 236.6
占比（%）	2.97	35.78	56.62	2.87	1.75

注：分级标准应用全区阴山北麓区有效磷分级标准。

（1）不同土壤类型有效磷含量　从土壤类型看，不同土壤类型有效磷含量不同。全盟耕地土壤有效磷平均含量最高的是草甸土，为16.3mg/kg；其次是灰色森林土，为

16.1mg/kg；含量最低的是棕钙土，为4.5mg/kg。不同土类有效磷含量大小排序为：草甸土＞灰色森林土＞风沙土＞沼泽土＞黑钙土＞栗钙土＞灰褐土＞山地草甸土＞潮土＞棕钙土（表2-22）。

表2-22　不同土类有效磷含量

土类	有效磷（mg/kg）	
	变幅	平均值
草甸土	2.1～30.1	16.3
风沙土	2.5～27.6	15.6
黑钙土	4.1～31.8	14.2
灰褐土	9.5～12.2	11.2
灰色森林土	3.7～32.7	16.1
山地草甸土	9.8～10.0	9.9
栗钙土	3.5～24.1	12.6
沼泽土	4.4～26.1	14.9
棕钙土	3.9～5.2	4.5
潮土	2.5～19.9	8.9
平均	3.5～32.7	11.5

（2）各旗县市有效磷含量　各旗（县、市）耕地土壤中有效磷含量存在差异，有效磷平均含量最高的是东乌珠穆沁旗（含乌拉盖管理区），为16.6mg/kg；其次是二连浩特市，平均为12.4mg/kg；含量最低的是镶黄旗，为8.2mg/kg（表2-23）。

表2-23　全盟耕地土壤有效磷含量

行政区	速效磷（mg/kg）	
	变幅	平均值
东乌珠穆沁旗	9.3～32.7	16.6
多伦县	3.4～24.5	10.4
二连浩特市	2.3～26.4	12.4
苏尼特右旗	3.1～24.5	9.8
苏尼特左旗	3.2～28.1	8.6
西乌珠穆沁旗	3.1～27.2	11.9
锡林浩特市	4.1～22.4	10.8
太仆寺旗	3.5～29.7	11.7
正蓝旗	3.3～29.7	9.6
正镶白旗	3.4～22.8	9.1
镶黄旗	3.0～18.1	8.2
平均	2.3～32.7	11.5

(五) 钾素

土壤中钾素是植物生长必需的营养元素之一，它具有激活多种酶的活性、提高光合速率、促进物质合成、增强作物抗逆性等功能。土壤钾素的主要来源是土壤的含钾矿物，但含钾的原生矿物和黏土矿物只能说明钾素的潜在供应能力，土壤的实际供钾水平则表现为含钾矿物分解成可被作物吸收的钾离子的数量。

1. 全钾

全钾包括矿物态钾、缓效钾和水溶性速效态钾，主要是矿物态钾，约占全钾的 96％。它存在于矿物的晶格中，如含钾的长石、云母中，在短时间内作物不能直接吸收利用，只有经过物理、化学过程，才能被缓慢释放，补充缓效钾和速效钾。

锡林郭勒盟全钾含量较丰富，耕地土壤全钾平均含量 24.0g/kg，变幅 2.5～30.5 g/kg，属较高水平。全钾含量主要集中在＞20g/kg 的高水平区域，占耕地面积的 82.9％；＜10g/kg 低水平面积占耕地面积的 6.89％（表 2-24）。

表 2-24　全盟耕地土壤全钾含量分布

水平	极低	低	中	高	较高	极高
含量（g/kg）	＜5	5～10	10～15	15～20	20～25	＞25
面积（hm^2）	11 175.87	5 491.17	5 007.37	19 787.57	164 469.06	35 994.99
占比（％）	4.62	2.27	2.07	8.18	67.99	14.88

2. 缓效钾

土壤中缓效钾（非交换性钾）指镶嵌在某些 2∶1 型黏土矿物（如伊利石、蒙脱石等）结晶层之间所固定的钾，通常只占全钾量的 5％，土壤缓效钾是土壤速效钾的贮备库，可以逐渐转化为作物可吸收利用的速效钾。

锡林郭勒盟耕地土壤缓效钾平均含量为 520mg/kg，变幅 15～877mg/kg，70.18％的耕地土壤的缓效钾＞400mg/kg，属于极高水平。

表 2-25　全盟耕地土壤缓效钾含量分布

水平	极低	低	中	高	较高	极高
含量（mg/kg）	＜200	200～250	250～300	300～350	350～400	＞400
面积（hm^2）	169 766.71	5 902.40	7 160.29	10 498.54	16 691.23	31 931.04
占比（％）	2.44	2.96	4.34	6.9	13.2	70.18

3. 速效钾

土壤速效钾是指土壤中的交换性钾和水溶性钾，一般占全钾的 1％～2％，交换性钾是土壤胶体上吸附的钾，它是速效钾的主体，水溶性钾存在于土壤溶液中。速效钾可被植物直接吸收利用，因此速效钾含量高低可以衡量土壤有效钾的供应水平。

锡林郭勒盟耕地土壤速效钾平均含量 147mg/kg，变幅 76～296mg/kg。耕地土壤速效钾含量属中等偏高水平（表 2-26）。

表 2-26 全盟耕地土壤速效钾含量分布

水平	极低	低	中	高	极高
含量（mg/kg）	＜73	73～106	106～187	187～225	＞225
面积（hm^2）	17 344.36	44 509.94	124 289.17	26 972.06	28 786.32
占比（%）	7.17	18.4	51.38	11.15	11.9

注：分级标准应用全区阴山北麓区速效钾分级标准。

速效钾含量＞225mg/kg 的极高水平面积 28 786.32hm^2，占耕地面积的 11.9%，主要分布在东乌珠穆沁旗（含乌拉盖管理区）、锡林浩特市和正蓝旗。速效钾含量在 187～2 251mg/kg的高水平面积 26 972.06hm^2，占耕地面积的 11.15%，除二连浩特市外，各旗（县、市）均有分布，分布面积较大的是东乌珠穆沁旗（含乌拉盖管理区）、锡林浩特市、正蓝旗和正镶白旗，分别占 18.43%、24.12%、20.59%和 20.47%。速效钾含量在106～187mg/kg 的中等水平面积最大，为 124 289.17hm^2，占耕地面积的 51.38%，各旗（县、市）均有分布，分布面积较大的是太仆寺旗和多伦县，分别占 43.49%和 23.48%；含量在 73～106mg/kg 的低水平面积 44 509.94hm^2，占耕地面积的 18.4%，主要分布在太仆寺旗和多伦县，分别占该等级耕地面积的 35.23%和 32.95%，其他旗（县、市）也有分布。速效钾含量＜73mg/kg 的极低水平面积 17 344.36hm^2，占耕地面积的 7.17%，主要分布在太仆寺旗、多伦县和苏尼特右旗。

（1）不同土类速效钾含量　从土壤类型看，不同土壤类型速效钾含量不同。速效钾含量最高的是山地草甸土，为 200mg/kg；其次是灰褐土，为 191mg/kg；速效钾含量最低的是风沙土，为 119mg/kg。不同土类速效钾含量大小排序为：山地草甸土＞灰褐土＞潮土＞棕钙土＞黑钙土＞栗钙土＞草甸土＞灰色森林土＞沼泽土＞风沙土（表 2-27）。

表 2-27 不同土类速效钾含量

土类	速效钾（mg/kg）	
	变幅	平均值
草甸土	89～221	137
风沙土	96～184	119
黑钙土	88～296	153
灰褐土	133～201	191
灰色森林土	76～290	134
栗钙土	84～290	145
山地草甸土	200～200	200
沼泽土	89～221	131
棕钙土	146～165	160
潮土	186～215	190
平均	76～296	147

（2）各旗县市速效钾含量　各旗（县、市）耕地中速效钾含量存在差异，速效钾平均

含量最高的是锡林浩特市，为 177mg/kg；其次是正镶白旗，为 176mg/kg；含量最低的是西乌珠穆沁旗，为 120mg/kg（表 2-28）。

表 2-28　全盟耕地土壤速效钾含量

行政区	速效钾（mg/kg）	
	变幅	平均值
东乌珠穆沁旗	70～296	172
二连浩特市	80～280	144
多伦县	70～210	126
太仆寺旗	70～240	137
正蓝旗	80～280	147
正镶白旗	100～290	176
苏尼特右旗	80～250	148
苏尼特左旗	90～250	156
西乌珠穆沁旗	70～200	120
锡林浩特市	100～280	177
镶黄旗	80～290	169
平均	76～296	147

第四节　耕地土壤中微量元素养分现状

有效态的中、微量元素对植物生长发挥着不可替代的作用。中量元素是作物生长过程中需要量仅次于氮、磷、钾而高于微量元素的营养元素，是植物细胞的重要组成部分，参与细胞的化学反应和生理活动。微量元素在植物体中参与酶、维生素和激素的形成，它们在植物细胞内促进能量传递，直接参与有机体的物质代谢过程。微量元素供应不足时作物生长受到抑制，产量减少、品质下降。为了提高作物产量，除重视土壤中大量元素的供给外，同时还必须重视中、微量元素的供给。

一、中量元素

（一）有效硫

硫是构成蛋白质和多种酶不可缺少的成分，对作物的生长及品质提高有着重要作用。近年来随着作物产量的提高，土壤缺硫现象日渐显现。锡林郭勒盟耕地中有效硫的平均含量为 15.6mg/kg，变幅为 0.1～763.1mg/kg，属于低水平。有效硫含量＜10mg/kg 的极低水平耕地面积最大，占全盟耕地面积的 43.21%；有效硫含量在 10～15mg/kg 的低水平面积 74 118.73hm²，占耕地面积的 30.64%；有效硫含量在 15～20mg/kg 的中等水平面积 26 488.25hm²，占耕地面积的 10.95%；含量在 20～30mg/kg 的高水平面积 18 868.34hm²，占耕地面积的 7.8%；有效硫含量＞30mg/kg 的极高水平面积 17 900.74hm²，占耕地面积的 7.4%（表 2-29）。

表 2-29 全盟耕地土壤有效硫含量分布

水平	极低	低	中等	高	极高
含量（mg/kg）	<10	10～15	15～20	20～30	>30
面积（hm^2）	104 525.8	74 118.73	26 488.25	18 868.34	17 900.74
占比（%）	43.21	30.64	10.95	7.8	7.4

1. 不同土类有效硫含量

土壤类型不同，有效硫含量也存在一定差异。有效硫含量最高的是风沙土，平均为26.6mg/kg；其次是草甸土，平均为19.2mg/kg；有效硫含量最低的是山地草甸土，为3.8mg/kg（表2-30）。

表 2-30 不同土类有效硫含量

土类	有效硫（mg/kg）	
	变幅	平均值
草甸土	0.3～531.8	19.2
风沙土	0.1～627.8	26.6
黑钙土	0.2～313.0	12.2
灰褐土	1.1～140.0	10.8
灰色森林土	0.7～87.1	9.3
栗钙土	0.1～763.1	16.2
沼泽土	0.4～531.5	16.0
棕钙土	0.1～308.1	17.4
潮土	4.7～11.6	8.9
山地草甸土	3.59～4.17	3.8
平均	0.1～763.1	15.6

2. 各旗县市有效硫含量

各旗（县、市）中有效硫含量最高的是锡林浩特市，为24.4mg/kg；其次是多伦县，为24.0mg/kg；有效硫含量最低的是镶黄旗，为7.7mg/kg（表2-31）。

表 2-31 全盟耕地土壤有效硫含量

行政区	有效硫（mg/kg）	
	变幅	平均值
东乌珠穆沁旗	0.2～341.3	16.3
多伦县	0.1～763.1	24.0
二连浩特市	1.2～188.0	21.5
苏尼特右旗	0.8～308.1	14.9
苏尼特左旗	0.1～303.0	11.2
太仆寺旗	0.1～441.8	13.8

（续）

行政区	有效硫（mg/kg）	
	变幅	平均值
西乌珠穆沁旗	0.5～347.0	9.7
锡林浩特市	0.8～596.3	24.4
镶黄旗	1.1～87.5	7.7
正蓝旗	0.2～761.3	19.6
正镶白旗	0.1～481.4	8.1
平均	0.1～763.1	15.6

（二）有效硅

土壤有效硅又称活性硅，在土壤中以无机胶体形态存在，随土壤条件和气候条件的变化，它们在土壤中的含量也会有较大的变化。硅是植物细胞壁的组成成分，可增强组织强度，提高抗性，减少水分蒸腾，促进光合作用，并有利于糖的合成。缺硅的作物易早衰、倒伏，抗病力弱，生长受阻，后期成熟不良，产量下降。

锡林郭勒盟耕地土壤有效硅平均含量为176mg/kg，变幅为10～637mg/kg，属于低水平。有效硅含量处于100～200mg/kg的低水平面积最大，占耕地面积的76%（表2-32）。

表2-32　全盟耕地土壤有效硅含量分布

水平	极低	低	中等	高	极高
含量（mg/kg）	<100	100～200	200～300	300～400	>400
面积（hm^2）	7 692.48	137 908.27	90 035.89	6 241.07	24.19
占比（%）	1.42	76.00	21.05	2.01	0.00

1. 不同土类有效硅含量

土壤类型不同，有效硅含量也存在一定差异，灰色森林土有效硅含量最高，平均为379mg/kg，其次是黑钙土，平均为229mg/kg；有效硅含量最低的是棕钙土，为125mg/kg（表2-33）。

表2-33　不同土类有效硅含量

土类	有效硅（mg/kg）	
	变幅	平均值
草甸土	41～357	163
风沙土	10～330	148
黑钙土	92～637	229
灰褐土	90～345	202
灰色森林土	245～621	379
栗钙土	10～506	172
沼泽土	73～438	216

（续）

土类	有效硅（mg/kg）	
	变幅	平均值
棕钙土	17～246	125
潮土	151～239	173
山地草甸土	137～316	224
平均	10～637	176

2. 各旗县市有效硅含量

各旗（县、市）中有效硅含量最高的是苏尼特右旗，为 190mg/kg；其次是正蓝旗，为 185mg/kg；含量最低的是正镶白旗，为 142mg/kg（表 2-34）。

表 2-34　全盟耕地土壤有效硅含量

行政区	有效硅（mg/kg）	
	变幅	平均值
东乌珠穆沁旗	46～637	180
多伦县	10～395	176
二连浩特市	17～175	168
苏尼特右旗	30～217	190
苏尼特左旗	67～249	176
太仆寺旗	44～409	171
西乌珠穆沁旗	33～481	177
锡林浩特市	10～356	163
镶黄旗	30～248	180
正蓝旗	16～364	185
正镶白旗	27～345	142
平均	10～637	176

二、微量元素

各种微量元素都是作物生长所必需的，作物缺乏微量元素时，生长发育都会受到影响。铁是某些酶和蛋白质的组成成分，作物缺铁时影响叶绿素的形成，典型症状是新叶失绿黄化。锰是许多酶的组成成分，参与呼吸过程中的氧化还原反应，并能促进维生素、胡萝卜素的形成，作物缺锰时老叶叶面粗糙，上面出现褐色斑点或叶缘黄白色，嫩叶上卷。作物缺硼时不能形成或形成不正常的生殖器官，最显著的症状是生长点坏死，其次是根系腐烂，形成心腐病，落花落果。作物缺铜时叶色异常，果实和籽实的质量降低，产量下降。钼有增进光合作用强度的作用，作物缺钼的症状通常表现在叶片上，一般是叶缘枯焦扭曲或扭转，叶狭小，有时出现鞭状叶，叶脉间缺绿。豆类作物需要钼最多，其次是十字花科和柑橘属作物，因此更应注重豆科等作物钼肥的施用（表 2-35）。

表 2-35　土壤微量元素含量分级标准

（单位：mg/kg）

养分	极低	低	中	高	极高	临界值
有效铁	＜2.5	2.5～4.5	4.5～10.0	10.0～20.0	＞20.0	2.5
有效锰	＜1.0	1.0～5.0	5.0～15.0	15.0～30.0	＞30.0	7.0
有效铜	＜0.1	0.1～0.2	0.2～1.0	1.0～1.8	＞1.8	0.2
有效锌	＜0.3	0.3～0.5	0.5～1.0	1.0～3.0	＞3.0	0.5
水溶态硼	＜0.2	0.2～0.5	0.5～1.0	1.0～1.5	＞2.0	0.5
有效钼	＜0.10	0.10～0.15	0.15～0.20	0.20～0.30	＞0.3	0.15

注：应用内蒙古第二次土壤普查时的分级标准和临界指标值。

（一）有效铁

锡林郭勒盟耕地土壤有效铁含量比较丰富，平均为 13.60mg/kg，变幅 1.2～197.7mg/kg，远高于临界值 2.5mg/kg，属于高水平，且各旗（县、市）有效铁平均含量也均高于临界值。

全盟有效铁含量在 10.0～20.0mg/kg 的高水平面积 59 870.71hm²，占 24.75%；含量在 4.5～10.0mg/kg 的中等水平面积最大，占耕地面积的 52.62%；有效铁含量＜4.5mg/kg 的低水平及极低水平的耕地面积只占 8.05%（表 2-36）。

表 2-36　全盟耕地土壤有效铁含量分布

水平	极低	低	中等	高	极高
含量（mg/kg）	＜2.5	2.5～4.5	4.5～10.0	10.0～20.0	＞20.0
面积（hm²）	6 144.31	13 425.55	127 288.75	59 870.71	35 172.53
占比（%）	2.54	5.55	52.62	24.75	14.54

1. 不同土类有效铁含量

不同土壤类型有效铁含量变化较大。有效铁含量最高的是灰色森林土，平均为 42.57mg/kg；其次是黑钙土，为 29.73mg/kg；含量最低的是棕钙土，为 5.24mg/kg（表 2-37）。

表 2-37　不同土类有效铁含量

土类	有效铁（mg/kg）	
	变幅	平均值
草甸土	2.50～88.50	13.02
风沙土	4.70～137.10	15.81
黑钙土	2.80～197.70	29.73
灰褐土	4.50～48.30	11.66
灰色森林土	7.70～144.20	42.57
栗钙土	1.20～179.70	11.16

（续）

土类	有效铁（mg/kg）	
	变幅	平均值
沼泽土	2.60～1030	24.29
棕钙土	1.60～18.10	5.24
山地草甸土	5.40～17.70	11.60
潮土	5.17～114.36	23.32
平均	1.20～197.70	13.60

2. 各旗县市有效铁含量

不同旗（县、市）有效铁含量也存在差异。有效铁含量最高的是东乌珠穆沁旗（含乌拉盖管理区），为 34.54mg/kg；其次是西乌珠穆沁旗，为 19.80mg/kg；含量最低的是二连浩特市，为 4.90mg/kg（表 2-38）。

表 2-38　全盟耕地土壤有效铁含量

行政区	有效铁（mg/kg）	
	变幅	平均值
东乌珠穆沁旗	2.90～197.70	34.54
多伦县	2.50～179.70	14.87
二连浩特市	3.00～6.90	4.90
苏尼特右旗	1.60～9.00	5.13
苏尼特左旗	2.90～18.10	6.60
太仆寺旗	2.10～45.30	8.43
西乌珠穆沁旗	5.10～103.00	19.80
锡林浩特市	1.20～80.40	12.58
镶黄旗	3.40～25.70	7.78
正蓝旗	1.30～69.10	11.45
正镶白旗	3.00～67.80	7.58
平均	1.30～197.70	13.60

（二）有效锰

锡林郭勒盟耕地有效锰平均含量 13.2mg/kg，变幅为 1.1～114.2mg/kg，高于临界值 7.0mg/kg，有效锰含量属于中等水平，全盟大部分耕地不缺锰。含量在 15.0～30.0mg/kg 的高水平面积占 14.55%；含量在 5.0～15.0mg/kg 的中等水平面积最大，占耕地总面积的 67.78%；含量<5.0mg/kg 的低及极低水平的耕地面积占 10.94%（表 2-39）。

表 2-39　全盟耕地土壤有效锰含量分布

水平	极低	低	中等	高	极高
含量（mg/kg）	<1.0	1.0～5.0	5.0～15.0	15.0～30.0	>30.0
面积（hm^2）	2 419.02	21 626.03	163 961.08	35 511.19	18 384.54
占比（%）	1.00	8.94	67.78	14.68	7.60

1. 不同土类有效锰含量

不同土壤类型有效锰含量变化较大。有效锰含量最高的土类为灰色森林土，平均为41.3mg/kg；其次是黑钙土，为26.6mg/kg；含量最低的是棕钙土，为8.8mg/kg（表2-40）。

表 2-40　不同土类有效锰含量

土类	有效锰（mg/kg）	
	变幅	平均值
草甸土	1.2～67.4	12.2
风沙土	2.1～50.6	14.5
黑钙土	1.5～114.2	26.6
灰褐土	4.4～47.5	14.0
灰色森林土	14.8～106.4	41.3
栗钙土	1.1～110.7	12.1
沼泽土	2.5～79.9	21.3
棕钙土	1.5～30.1	8.8
山地草甸土	9.2～11.0	10.4
潮土	7.02～27.0	11.1
平均	1.1～114.2	13.2

2. 各旗县市有效锰含量

各旗（县、市）中有效锰含量最高的是东乌珠穆沁旗（包括乌拉盖管理区），为22.26mg/kg；其次是西乌珠穆沁旗，为16.18mg/kg；含量最低的是正镶白旗，为7.82mg/kg（表2-41）。

表 2-41　全盟耕地土壤有效锰含量

行政区	有效锰（mg/kg）	
	变幅	平均值
东乌珠穆沁旗	1.1～114.2	22.26
多伦县	2.4～56.2	13.46
二连浩特市	4.1～30.1	9.80
苏尼特右旗	1.5～18.7	8.40
苏尼特左旗	3.7～21.6	9.60
太仆寺旗	2.1～59.0	8.56

（续）

行政区	有效锰（mg/kg）	
	变幅	平均值
西乌珠穆沁旗	1.4～33.6	16.18
锡林浩特市	2.1～110.2	15.91
镶黄旗	2.9～19.1	9.30
正蓝旗	1.4～45.9	12.58
正镶白旗	1.2～18.5	7.82
平均	1.1～114.2	13.20

（三）有效铜

锡林郭勒盟耕地有效铜平均含量为0.55mg/kg，变幅为0.10～9.94mg/kg，高于临界值0.2mg/kg。含量在0.2～1.0mg/kg的中等水平耕地面积最大，占耕地面积的90.90%。锡林郭勒盟耕地有效铜含量属于中等水平，各旗（县、市）耕地基本不缺铜（表2-42）。

表2-42　全盟耕地土壤有效铜含量分布

水平	极低	低	中等	高	极高
含量（mg/kg）	<0.1	0.1～0.2	0.2～1.0	1.0～1.8	>1.8
面积（hm^2）	3 725.29	6 966.77	219 888.78	11 321.01	0.00
占比（%）	1.54	2.88	90.90	4.68	0.00

1. 不同土类有效铜含量

从土壤类型看，有效铜含量最高的土类是灰色森林土，平均为1.12mg/kg；其次是黑钙土，为0.80mg/kg；含量最低的是灰褐土，为0.44mg/kg（表2-43）。

表2-43　不同土类有效铜含量

土类	有效铜（mg/kg）	
	变幅	平均值
草甸土	0.10～4.26	0.55
风沙土	0.11～1.75	0.47
黑钙土	0.10～3.49	0.80
灰褐土	0.15～1.08	0.44
灰色森林土	0.25～1.81	1.12
山地草甸土	0.61～0.93	0.80
栗钙土	0.10～9.94	0.50
沼泽土	0.16～2.59	0.75
棕钙土	0.12～1.20	0.45
潮土	0.45～1.31	0.63
平均	0.10～9.94	0.55

2. 各旗县市有效铜含量

各旗（县、市）中有效铜含量最高的是东乌珠穆沁旗（含乌拉盖管理区），为

0.83mg/kg；其次是西乌珠穆沁旗，为 0.79mg/kg；含量最低的是正镶白旗，为 0.39mg/kg（表 2-44）。

表 2-44　全盟耕地土壤有效铜含量

行政区	有效铜（mg/kg）	
	变幅	平均值
东乌珠穆沁旗	0.10～3.49	0.83
多伦县	0.10～3.37	0.49
二连浩特市	0.14～1.20	0.50
苏尼特右旗	0.14～0.99	0.78
苏尼特左旗	0.12～0.82	0.75
太仆寺旗	0.11～9.94	0.52
西乌珠穆沁旗	0.18～2.58	0.79
锡林浩特市	0.11～2.07	0.47
镶黄旗	0.14～1.97	0.67
正蓝旗	0.16～1.79	0.51
正镶白旗	0.10～3.21	0.39
平均	0.10～9.94	0.55

（四）有效锌

锡林郭勒盟耕地有效锌平均含量为 0.52mg/kg，变幅为 0.02～21.16mg/kg，略高于临界值（0.5mg/kg）。含量在 0.3～0.5mg/kg 的低水平面积最大，占 41.06%；含量<0.3mg/kg 的极低水平占 16.89%（表 2-45）。耕地有效锌含量属于中低水平，全盟大部分耕地缺锌。缺锌较明显的有二连浩特市、西乌珠穆沁旗、苏尼特左旗和正镶白旗（表 2-47）。

表 2-45　全盟耕地土壤有效锌含量分布

水平	极低	低	中等	高	极高
含量（mg/kg）	<0.3	0.3～0.5	0.5～1.0	1.0～3.0	>3.0
面积（hm^2）	40 857.23	99 324.92	94 607.83	6 990.96	120.95
占比（%）	16.89	41.06	39.11	2.89	0.05

1. 不同土类有效锌含量

不同土类有效锌含量变化不大。有效锌含量最高的土类是草甸土，平均为 0.68mg/kg；其次是栗钙土，为 0.58mg/kg；含量最低的是潮土，为 0.34mg/kg（表 2-46）。

表 2-46　不同土类有效锌含量

土类	有效锌（mg/kg）	
	变幅	平均值
草甸土	0.03～10.51	0.68
风沙土	0.05～15.20	0.52

（续）

土类	有效锌（mg/kg）	
	变幅	平均值
黑钙土	0.02～17.83	0.55
灰褐土	0.09～2.80	0.56
灰色森林土	0.02～1.06	0.50
山地草甸土	0.361～0.46	0.40
栗钙土	0.02～21.16	0.58
沼泽土	0.02～7.40	0.45
棕钙土	0.02～3.74	0.50
潮土	0.19～0.72	0.34
平均	0.02～21.16	0.52

2. 各旗县市有效锌含量

各旗（县、市）中有效锌含量最高的是正蓝旗，为 0.70mg/kg；其次是锡林浩特市，为 0.69mg/kg；含量最低的是二连浩特市，为 0.36mg/kg（表 2-47）。

表 2-47　全盟耕地土壤有效锌含量

行政区	有效锌（mg/kg）	
	变幅	平均值
东乌珠穆沁旗	0.02～12.27	0.57
多伦县	0.02～15.20	0.54
二连浩特市	0.04～3.74	0.36
苏尼特右旗	0.02～3.28	0.52
苏尼特左旗	0.02～2.27	0.49
太仆寺旗	0.02～11.36	0.61
西乌珠穆沁旗	0.02～4.52	0.41
锡林浩特市	0.03～17.83	0.69
镶黄旗	0.02～4.90	0.44
正蓝旗	0.03～8.54	0.70
正镶白旗	0.02～21.16	0.50
平均	0.02～21.16	0.52

（五）水溶态硼

锡林郭勒盟耕地水溶态硼平均含量为 0.59mg/kg，变幅 0.02～7.30mg/kg，属于中低水平。含量在 0.2～0.5mg/kg 的低水平面积最大，占耕地面积的 57.01%；含量在 0.5～1.0mg/kg 的中等水平面积占 37.22%。全盟耕地缺硼面积比较大，占耕地面积的 60.19%。缺硼地区主要有多伦县、正镶白旗和正蓝旗（表 2-48）。

表 2-48　全盟耕地土壤水溶态硼含量分布

水平	极低	低	中等	高	极高
含量（mg/kg）	<0.2	0.2～0.5	0.5～1.0	1.0～1.5	>2.0
面积（hm^2）	7 692.48	137 908.27	90 035.89	6 241.07	24.19
占比（%）	3.18	57.01	37.22	2.58	0.01

1. 不同土类水溶态硼含量

不同土壤类型水溶态硼含量变化较大。水溶态硼含量最高的土类为山地草甸土，平均1.06mg/kg；其次是潮土，为0.82mg/kg；含量最低的是灰褐土，为0.50mg/kg（表2-49）。

表 2-49　不同土类水溶态硼含量

土类	水溶态硼（mg/kg）	
	变幅	平均值
草甸土	0.05～7.30	0.59
风沙土	0.11～1.69	0.53
黑钙土	0.07～2.68	0.76
灰褐土	0.14～1.29	0.50
灰色森林土	0.31～1.99	0.72
栗钙土	0.03～4.33	0.52
沼泽土	0.02～3.39	0.70
棕钙土	0.12～4.55	0.76
山地草甸土	1.06～1.07	1.06
潮土	0.72～0.92	0.82
平均	0.02～7.30	0.59

2. 各旗县市水溶态硼含量

不同旗（县、市）水溶态硼含量也存在差异。水溶态硼平均含量最高的是二连浩特市，为0.84mg/kg；其次是东乌珠穆沁旗，为0.74mg/kg；含量最低的是正镶白旗，为0.41mg/kg（表2-50）。

表 2-50　全盟耕地土壤水溶态硼含量

行政区	水溶态硼（mg/kg）	
	变幅	平均值
东乌珠穆沁旗	0.06～2.68	0.74
多伦县	0.03～7.30	0.50
二连浩特市	0.16～1.89	0.84
苏尼特右旗	0.16～4.55	0.47
苏尼特左旗	0.12～2.12	0.61
太仆寺旗	0.03～2.89	0.56

（续）

行政区	水溶态硼（mg/kg）	
	变幅	平均值
西乌珠穆沁旗	0.02～1.87	0.69
锡林浩特市	0.11～4.33	0.56
镶黄旗	0.10～1.58	0.56
正蓝旗	0.07～1.89	0.46
正镶白旗	0.03～2.96	0.41
平均	0.02～7.30	0.59

（六）有效钼

锡林郭勒盟耕地有效钼平均含量为 0.12mg/kg，变幅 0.01～8.11mg/kg，属于低水平（低于临界值 0.15mg/kg），且 81.15%的耕地有效钼含量处于低水平及极低水平，全盟耕地普遍缺钼（表 2-51）。

表 2-51　全盟耕地土壤有效钼含量分布

水平	极低	低	中等	高	极高
含量（mg/kg）	<0.10	0.10～0.15	0.15～0.20	0.20～0.30	>0.30
面积（hm^2）	58 588.64	137 714.75	36 454.62	1 911.03	7 232.87
占比（%）	24.22	56.93	15.07	0.79	2.99

1. 不同土类有效钼含量

不同土壤类型有效钼含量变化较大。有效钼含量最高的是栗钙土，平均为 0.15mg/kg；含量最低的是风沙土，为 0.10mg/kg（表 2-52）。

表 2-52　不同土类有效钼含量

土类	有效钼（mg/kg）	
	变幅	平均值
草甸土	0.07～0.36	0.12
风沙土	0.04～0.17	0.10
黑钙土	0.01～7.06	0.13
灰褐土	0.06～0.17	0.11
灰色森林土	0.02～0.26	0.12
山地草甸土	0.11～0.17	0.13
栗钙土	0.01～8.12	0.15
沼泽土	0.03～0.19	0.12
棕钙土	0.09～0.24	0.13
潮土	0.11～0.14	0.12
平均	0.01～8.12	0.12

2. 各旗县市有效钼含量

各旗（县、市）中有效钼含量最高的是太仆寺旗，平均为0.16mg/kg；含量最低的是锡林浩特市，为0.08mg/kg（表2-53）。锡林浩特市和正蓝旗严重缺钼。

表2-53　全盟耕地土壤有效钼含量

行政区	有效钼（mg/kg）	
	变幅	平均值
东乌珠穆沁旗	0.01～7.06	0.13
多伦县	0.03～0.89	0.11
二连浩特市	0.09～0.18	0.12
苏尼特右旗	0.11～0.21	0.13
苏尼特左旗	0.12～0.24	0.13
太仆寺旗	0.01～0.63	0.16
西乌珠穆沁旗	0.08～0.18	0.13
锡林浩特市	0.04～0.10	0.08
镶黄旗	0.09～0.23	0.13
正蓝旗	0.04～2.07	0.09
正镶白旗	0.02～8.12	0.11
平均	0.01～8.11	0.12

第五节　耕地土壤的其他属性

一、土壤pH

土壤pH即土壤酸碱度，是影响土壤养分有效性的重要因素之一，土壤的pH过高或过低，都会使一些营养元素变得难溶，有效性降低，从而不能被根系很好的吸收。

锡林郭勒盟耕地土壤pH变幅在5.3～8.5之间，平均为8.0，呈弱碱性。pH在<6.5和>8.5的耕地面积很小，分别占耕地面积的2.57%和0.01%；耕地pH主要集中在7.5～8.5之间，占耕地面积的79.56%；pH在6.5～7.5之间的耕地面积，占17.86%（表2-54）。

表2-54　全盟耕地土壤pH分布

水平	<6.5	6.5～7.5	7.5～8.5	>8.5
面积（hm^2）	6 216.88	43 203.68	192 457.15	24.19
占比（%）	2.57	17.86	79.56	0.01

1. 不同土类pH

不同土类pH也存在差异，pH最高的土类是棕钙土，为8.4；pH最低的是山地草甸土，为6.9。pH由高到低的顺序为：棕钙土>风沙土>栗钙土>草甸土>灰褐土>黑钙土=沼泽土>潮土>灰色森林土>山地草甸土（表2-55）。

表 2-55　不同土类 pH

土类	pH	
	变幅	平均值
草甸土	6.4～8.2	8.0
风沙土	7.8～8.4	8.2
黑钙土	6.4～8.3	7.8
灰褐土	7.9～8.0	7.9
灰色森林土	6.4～8.4	7.2
山地草甸土	6.4～7.2	6.9
栗钙土	7.6～8.9	8.1
沼泽土	6.5～8.8	7.8
棕钙土	7.9～8.5	8.4
潮土	6.5～8.3	7.4
平均	6.4～8.9	8.0

2. 各旗县市耕地土壤 pH

不同旗（县、市）耕地土壤 pH 也存在差异，它与耕地土壤类型密切相关。全盟耕地 pH 平均为 8.0，其中二连浩特市 pH 最高，平均为 8.5；其次是苏尼特右旗，为 8.4；pH 最低的是东乌珠穆沁旗（含乌拉盖管理区），pH 为 7.2（表 2-56）。

表 2-56　全盟耕地土壤 pH

行政区	pH	
	变幅	平均值
太仆寺旗	7.4～8.5	8.0
多伦县	6.7～8.4	7.6
正蓝旗	7.0～8.3	7.8
正镶白旗	7.6～8.4	8.0
锡林浩特市	7.3～8.6	8.0
苏尼特左旗	7.4～8.9	8.3
苏尼特右旗	7.9～8.8	8.4
东乌珠穆沁旗	6.4～8.5	7.2
西乌珠穆沁旗	7.0～8.4	7.9
镶黄旗	7.3～8.4	7.9
二连浩特市	8.1～8.9	8.5
平均	6.4～8.9	8.0

二、阳离子交换量

土壤阳离子交换量（CEC），是土壤重要的肥力指标，是在一定条件下（pH=7），每千克土壤中所含有的全部交换性阳离子（K^+、Na^+、Ca^{2+}、Mg^{2+}、NH^{4+}、H^+、AL^{3+}等）。从 CEC 的高低可以看出土壤吸附养分的能力。它对土壤的保水保肥能力、供肥能力和缓冲能力有很好的表征作用，常作为土壤肥力评价因子以及土壤缓冲能力的研究对象。

锡林郭勒盟耕地土壤阳离子交换量平均为 13.80cmol/kg，变幅 7.34～33.67 cmol/kg，CEC 含量处于中等水平。土壤阳离子交换量（CEC）在 15～20cmol/kg 的中等水平面积最大，占耕地面积的 58.22%（表 2-57）。

表 2-57　全盟耕地土壤阳离子交换量分布

水平	极低	低	中等	高	极高
阳离子交换（cmol/kg）	<10	10～15	15～20	5～10	≥20
面积（hm^2）	24.19	34 954.82	140 835.29	41 050.75	25 036.85
占比（%）	0.01	14.45	58.22	16.97	10.35

1. 不同土类阳离子交换量

不同土壤类型阳离子交换量不同，主要影响因素有：①土壤溶液 pH。②土壤质地，土壤质地越细，其阳离子交换量越高。③土壤胶体类型，不同类型的土壤胶体其阳离子交换量差异较大。阳离子交换量与耕地地力间有较明显的正相关关系，随着耕地地力的下降阳离子交换量也下降，但会有起伏。不同土类中阳离子交换量顺序为：黑钙土>草甸土>山地草甸土>灰色森林土>沼泽土>栗钙土>潮土>灰褐土>风沙土>棕钙土（表 2-58）。

表 2-58　不同土类阳离子交换量

土类	阳离子交换量（cmol/kg）	
	变幅	平均值
草甸土	8.06～32.46	18.05
风沙土	7.60～13.26	10.70
黑钙土	7.34～32.65	18.93
灰褐土	10.27～10.89	10.79
灰色森林土	7.34～31.19	16.54
山地草甸土	10.51～20.79	16.75
栗钙土	7.70～15.41	14.81
沼泽土	8.01～31.49	15.41
棕钙土	4.30～14.29	10.08
潮土	8.79～27.07	12.44
平均	7.34～33.67	13.80

2. 各旗县市耕地土壤阳离子交换量

各旗（县、市）土壤阳离子代换量最高的是东乌珠穆沁旗（含乌拉盖管理区），平均为 21.25 cmol/kg；其次是西乌珠穆沁旗，为 17.94cmol/kg；含量最低的是苏尼特左旗，为 7.77cmol/kg（表 2-59）

表 2-59　各旗县市土壤阳离子交换量

行政区	阳离子交换量（cmol/kg）	
	变幅	平均值
东乌珠穆沁旗	4.60～38.40	21.25
多伦县	4.30～37.40	12.45
二连浩特市	5.60～21.90	10.29
苏尼特右旗	4.72～15.27	9.55
苏尼特左旗	5.69～11.90	7.77
太仆寺旗	4.20～36.10	13.47
西乌珠穆沁旗	6.23～28.60	17.94
锡林浩特市	6.60～29.70	13.81
镶黄旗	4.30～31.4	11.73
正蓝旗	3.90～27.40	12.43
正镶白旗	3.20～25.00	9.66
平均	4.30～32.65	13.80

第六节　耕地土壤养分变化趋势分析

随着农业生产的发展及施肥、耕作、经营管理水平的变化，耕地土壤养分含量也随之变化。通过对栗钙土、黑钙土、草甸土、沼泽土 4 个典型土壤类型本次调查与第二次土壤普查时的数据对比分析，了解了耕地养分变化趋势。

一、耕地地力变化

通过分析可看出，栗钙土、黑钙土、沼泽土有机质含量均呈下降趋势，4 个土类平均下降了 15.92％。其中沼泽土下降幅度最大，下降了 46.42％；栗钙土、黑钙土分别下降了 2.31％和 25.22％。各土类全氮含量均呈下降趋势，平均下降了 21.57％。其中草甸土下降幅度最大，下降 34.54％；栗钙土、黑钙土和草甸土分别下降 10.66％、17.31％和 23.75％。速效钾整体呈下降趋势，各土类平均下降 36.85％。其中沼泽土下降幅度最大，下降 75.05％；栗钙土、黑钙土和草甸土分别下降了 26.39％、34.33％和 11.61％。各土类有效磷含量都大幅上升，平均上升 420.26％。其中上升幅度最大的是草甸土，上升 676.19％；栗钙土、黑钙土和沼泽土分别上升了 500％、294.44％和 210.42％。总之，除有效磷外，土壤其他养分均呈下降趋势（表 2-60）。

表 2-60　不同土类土壤养分变化趋势

土壤养分	项目	土壤类型			
		栗钙土	黑钙土	草甸土	沼泽土
有机质（g/kg）	第二次土壤普查	24.7	56.3	27.7	58.1
	耕地地力评价	24.13	42.1	30.55	31.13
	增减量	−0.57	−14.2	2.85	−26.97
	增减百分数（%）	−2.31	−25.22	10.28	−46.42
	增减平均值（%）	−15.92			

（续）

土壤养分	项目	土壤类型			
		栗钙土	黑钙土	草甸土	沼泽土
全氮（g/kg）	第二次土壤普查	1.5	2.6	2.2	2.4
	耕地地力评价	1.34	2.15	1.44	1.83
	增减量	−0.16	−0.45	−0.76	−0.57
	增减百分数（%）	−10.66	−17.31	−34.54	−23.75
	增减平均值（%）	−21.57			
有效磷（mg/kg）	第二次土壤普查	2.1	3.6	2.1	4.8
	耕地地力评价	12.6	14.2	16.3	14.9
	增减量	10.5	10.6	14.2	10.1
	增减百分数（%）	500.00	294.44	676.19	210.42
	增减平均值（%）	420.26			
速效钾（mg/kg）	第二次土壤普查	197	233	155	525
	耕地地力评价	145	153	137	131
	增减量	−52	−80	−18	−394
	增减百分数（%）	−26.39	−34.33	−11.61	−75.05
	增减平均值（%）	−36.85			

二、原因分析

（1）水土流失　全盟大部分耕地土壤都存在一定程度的风蚀和水蚀，风蚀是当地土壤侵蚀的主要因素。风蚀和水土流失冲刷掉耕地表层肥沃的细土，带走大量的养分。在春季干旱、风大，耕地表层细土颗粒被风吹走，养分损失，质地变粗，这是耕地土壤有机质和全氮含量下降的原因之一。

（2）投入不足，掠夺式经营　首先表现为有机肥投入不足，大田作物除旱地马铃薯外，其他基本不施有机肥，施用有机肥面积约占耕地总面积的5%。蔬菜地只有设施蔬菜施用有机肥，平均施用量15 000kg/hm^2，很难维持土壤有机质的平衡，因而导致土壤有机质和氮素下降。其次是化肥施用结构不尽合理，长期以来当地化肥施用以磷酸二铵为主，钾肥投入很少，导致土壤氮素入不敷出，土壤全氮、速效钾含量降低。

（3）磷肥的大量使用　从20世纪80年代开始大面积推广施用无机肥料，特别是磷酸二铵，在当时起到了非常明显的增产效应。磷酸二铵在农民的意识上是万能的，不分作物、地力水平都施用磷酸二铵，连年大量的施用导致耕地土壤的有效磷含量与第二次土壤普查时相比有显著提高。

第三章　耕地地力评价

耕地地力调查与评价是继第二次土壤普查之后，为适应新形势下农业生产的发展，急需查清耕地生产能力和耕地使用中存在问题而开展的一项基础性工作。锡林郭勒盟2006—2014年，在实施测土配方施肥项目的过程中，完成了耕地地力调查与评价工作，并提出了耕地资源可持续利用的措施及建议。耕地地力调查与评价的整个过程经历了资料收集、野外调查采样、样品测试分析、耕地资源管理信息系统建立、评价与汇总等几个主要阶段。

第一节　耕地资源管理信息系统建立

一、资料收集

耕地地力评价是在充分利用历史资料和现有资料基础上而开展的一项基础性工作，因此资料收集是其中一项重要内容。

（一）图件资料

收集的图件有：土壤图（1∶10万）、土地利用现状图（1∶10万）、行政区划图（1∶10万）、土壤侵蚀程度图（1∶10万）、地形图、地势图等。

（二）数据及本文资料

收集了第二次土壤普查的有关文字和土壤养分数据资料，近年的农业统计资料，肥料试验资料，土地利用现状资料，水资源状况及气象资料等。

（三）资料整理与统计

对野外调查信息相关数据和土样测试分析数据经核对、审核和相应统计整理后，录入计算机，导入测土配方施肥数据管理系统；对收集的数据、文本及图件资料，按耕地地力评价技术规程要求，经相应整理、统计、分析和处理后，录入相应计算机数据库，以建立耕地资源管理信息系统，进行评价（图3-1）。

二、建立耕地资源管理信息系统

耕地资源管理信息系统是以一个县行政区域内耕地资源为管理对象，应用RS、GPS等现代化技术采集信息，应用GIS技术构建耕地资源基础信息系统，该系统的基本管理单元由土壤图、土地利用现状图叠加形成，每个管理单元细致明确、土壤类型一致、土地利用方式以及农民的种田习惯也基本一致，对辖区内的地形、地貌、土壤、土地利用、土壤污染、农业生产基本情况等资料进行统一管理，以此为平台结合各类管理模型，对辖区内的耕地资源进行系统的动态管理。为农业部门制定农业发展规划、土地利用规划、种植业规划等宏观决策提供决策支持，也为农民进行科学施肥等农事操作提供多方位的信息服务。

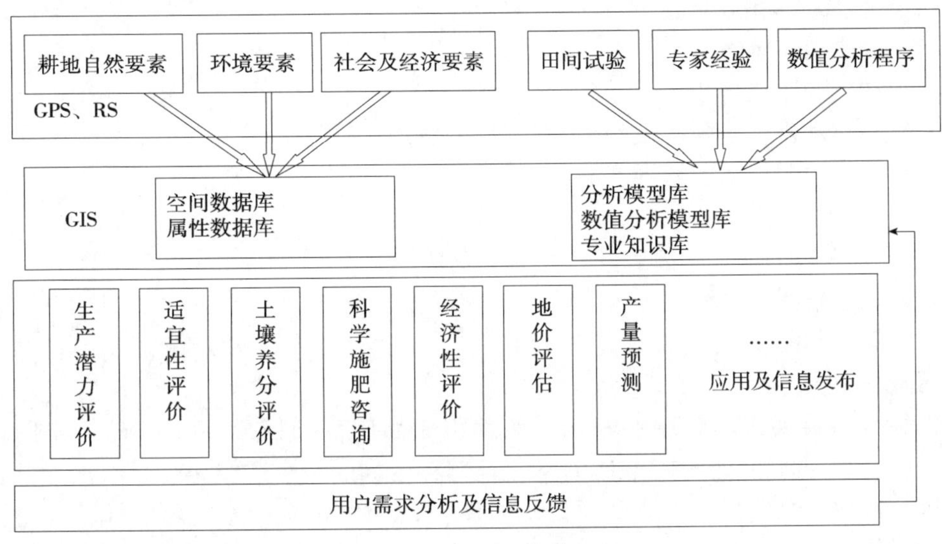

图 3-1　地理信息系统结构

（一）属性数据库的建立

属性数据库用于存放依附图形的属性数据和统计数据。图形的全部属性数据包括点、线、面数据及相关的属性等信息。每个评价单元除了记录它的地理位置坐标以外，还需存贮其他专题信息，如土壤类型、土壤养分和土地利用方式等多种属性。

属性数据内容如下：

（1）渠道、田坎、线状河流属性数据

（2）交通道路属性数据

（3）行政界线属性数据

（4）县、乡、村编码表

（5）土地利用现状属性数据

（6）土壤名称编码表

（7）土壤类型属性数据表

（8）土壤分析化验结果数据

（9）采样地块基本情况调查数据

（10）农户施肥调查数据

（11）耕地灌溉保证率属性数据

（12）土壤质地构型属性数据

（13）≥10℃积温

（14）年降水量属性数据

（15）成土母质属性数据

（16）有效土层厚度属性数据

（17）坡度属性数据

（18）侵蚀程度属性数据

（二）空间数据库的建立

1. 空间数据库资料

（1）锡林郭勒盟土壤图

（2）锡林郭勒盟土地利用现状图

（3）锡林郭勒盟行政区划图

（4）≥10℃积温图

（5）侵蚀程度图

（6）年降水量图

（7）地势地貌图

2. 图形矢量化

首先进行图层要素的整理和筛选，然后将原始图件扫描成300dpi的栅格图，采用ArcGIS软件，对栅格图进行配准后矢量化，储存为shape格式作为空间数据库。再对空间数据进行转化，最后统一采取高斯投影、1954北京大地坐标系，形成标准完整的数字化图层，并保存入库。

3. 数据的审核、分类编码、录入

在录入数据库前，对所有调查数据和分析数据等资料进行了系统的审查。对每个调查项目的描述进行了规范化和标准化，对所有农化分析数据进行了相应的统计分析，发现异常数据，分析原因，酌情处理。数据的分类编码是对数据资料进行有效管理的重要依据，本系统采用数字表示的层次型分类编码体系，对属性数据进行分类编码，建立了编码字典。采用Excel进行数据录入，最终以dbf格式保存入库，文字资料以txt文件格式保存，超文本资料以HTML格式保存，图片资料以JPG格式保存。这些文件分别保存在相应的子目录下，其相对路径和文件名录入相应的属性数据库中。

（三）属性数据库和空间数据库的连接

以建立的编码字典为基础，在数据化图件时对点、线、面（多边形）均赋予相应的属性编码，如数字化土地利用现状图时，对每一多边形同时输入土地利用编码，从而建立空间数据库与属性数据库具有连接的共同字段和唯一索引，数字化完成后，在Arcinfo下调入相应的属性库，完成库间的连接，并对属性字段进行相应的整理，使其标准化，最终建立完整的具有相应属性要素的数字化地图。

（四）评价单元确定及各评价因素的录入

1. 评价单元的确定

将土壤图、土地利用现状图、行政区划图、地貌类型图、坡度图叠加，生成基本评价单元图。耕地地力评价是要对每个评价单元进行评价，确定其地力级别。

2. 评价因素的录入

数字化各个专题图层，录入相应的属性数据，并将样点图通过Kriging插值转换成Grid数据格式，然后分别与基本评价单元图进行区域统计叠加，获取挂接在这些图层上的属性数据，使得基本评价单元图的每个图斑都有相应评价因素的属性资料。

以“县域耕地资源管理信息系统V4.2”，对上述数字化图件进行管理和专题评价，最终建立锡林郭勒盟耕地资源管理信息系统。

第二节　耕地地力评价方法

一、评价依据和方法

（一）评价依据

耕地地力是指由土壤本身特性、自然背景条件和耕作管理水平等要素综合构成的耕地生产能力。评价是以通过调查获得的耕地自然环境要素、耕地土壤理化性状、耕地农田基础设施和管理水平等为依据进行评价的。通过各因素对耕地地力影响的大小进行综合评定，确定不同的地力等级。

耕地的自然环境要素包括耕地所处的地形地貌、水文地质、成土母质等；耕地土壤的理化性状包括土体构型、有效土层厚度、土壤质地等物理性状和有机质、全氮、有效磷、速效钾等化学性状；农田基础设施和管理水平包括灌排条件及培肥管理水平等。评价时遵循以下几方面的原则：

1. 综合因素研究与主导因素分析相结合的原则

耕地地力是各类要素的综合体现，综合因素研究是对地形地貌、土壤理化性状以及相关的社会经济因素进行综合研究、分析与评价，以全面了解耕地地力状况。主导因素是指对耕地地力起决定作用的，相对稳定的因子，在评价中要着重对其进行研究分析。选取的评价因素与评价区域的大小有密切关系，评价区域很大时，必须选取气候因素（降水和无霜期），而对小区域或点位评价时气候因素变化很小，不作为评价因素。

2. 定性与定量相结合的原则

影响耕地地力的因素有定性的和定量的，评价时定量和定性评价相结合。在总体上，为了保证评价结果的客观合理，尽量采用可定量的评价因子如有机质、有效土层厚度等按其数值参与计算评价，对非数量化的定性因子如地形部位、土体构型等要素进行量化处理，确定其相应的指数，运用计算机进行运算和处理，尽量避免人为因素的影响，在评价因素筛选、权重、评价评语、等级的确定等评价过程中，尽量采用定量化的数学模型，在此基础上，充分应用专业知识，对评价的中间过程和评价结果进行必要的定性调整。

3. 采用 GIS 支持的自动化评价方法的原则

本次耕地地力评价充分应用计算机技术，通过建立数据库、评价模型，实现了全数字化、自动化的评价技术流程，在一定程度上代表耕地地力评价的最新技术方法。

（二）评价的技术流程

耕地地力评价流程见图 3-2，主要有以下几个步骤：

1. 评价指标的确定

耕地地力评价指标的确定主要遵循以下几方面的原则，一是选取的因素对耕地地力有比较大的影响；二是选取的因素在评价区域内的变异较大，便于划分耕地地力等级；三是选取的评价因素在时间上具有相对的稳定性，评价结果能够有较长的有效期。根据上述原则，聘请自治区、盟市、旗县的 10 位土肥专家组成专家组，在全国耕地地力评价指标体系框架中，确定立地条件、气象、理化性状 3 个项目的 12 个因素作为锡林郭勒盟耕地地

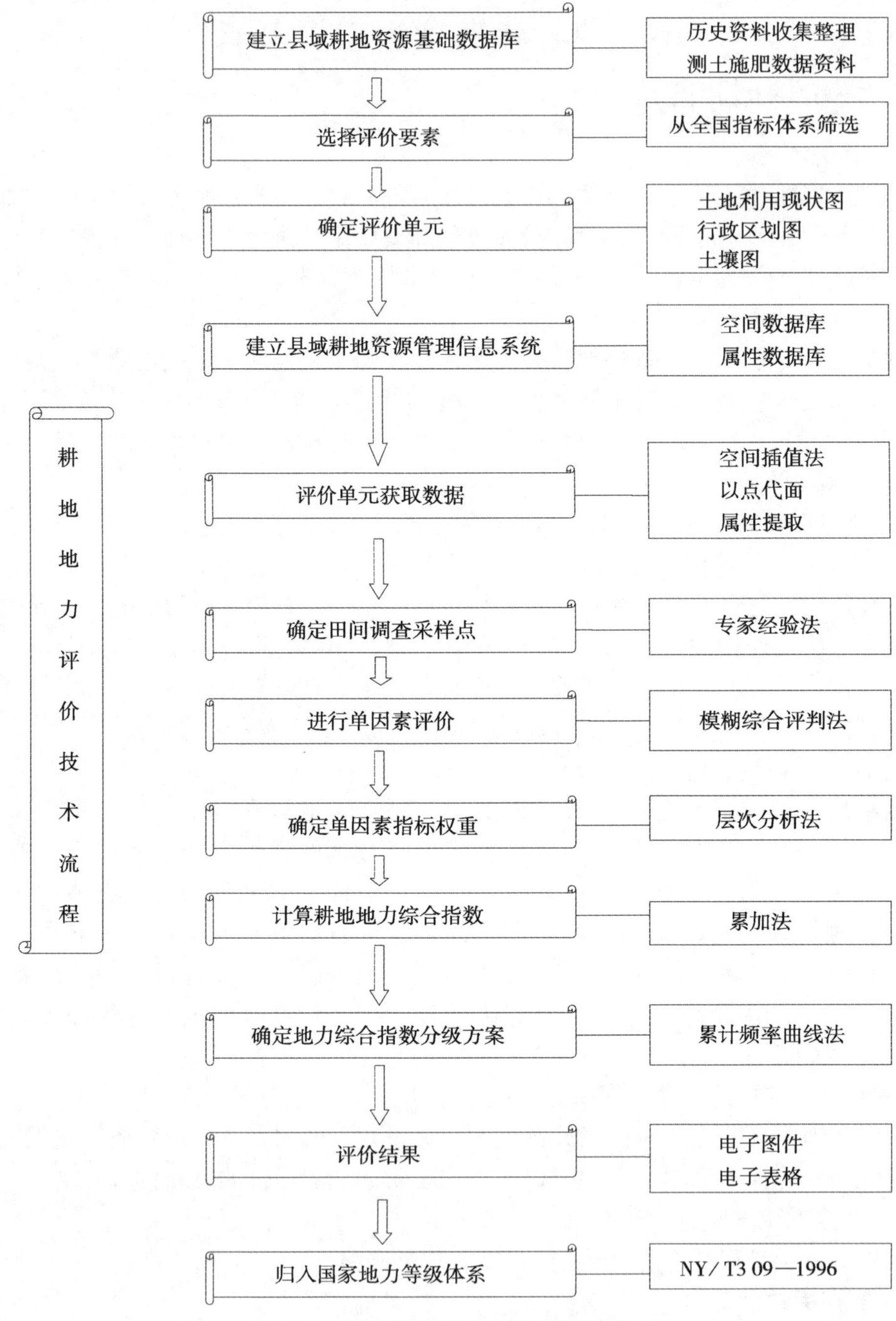

图 3-2 锡林郭勒盟耕地地力评价流程

力评价指标。

（1）立地条件 坡度、侵蚀程度、有效土层厚度、成土母质、灌溉保证率。

（2）气象 ≥10℃积温、年降水量。

（3）理化性状 有机质、有效磷、速效钾、pH、质地。

2. 评价单元的划分

评价单元是评价的基本单位，评价单元划分的合理与否直接关系到评价结果的准确性。本次耕地地力评价采用土壤图、土地利用现状图和行政区划图叠加形成的图斑作为评价的基本单元，每个评价单元的行政区域、土壤类型、利用方式等相对比较一致。锡林郭勒盟共划出14 210个评价单元，最小评价单元 0.01hm^2。

3. 评价单元获取数据

每个评价单元都必须有参与地力评价的属性数据，数据类型不同，评价单元获取数据的途径也不同，分为以下几种途径：

①土壤有机质、有效磷、速效钾、pH 由点位图利用空间插值法，采用 Kring 插值使评价单元获取相应的属性数据。

②质地、成土母质、灌溉保证率、坡度、侵蚀程度利用对应的矢量化图件与评价单元图叠加，为每个评价单元赋值。

③≥10℃积温、年降水量、有效土层厚度用以点代面的方式为评价单元赋值。

评价单元赋值（图 3-3）。

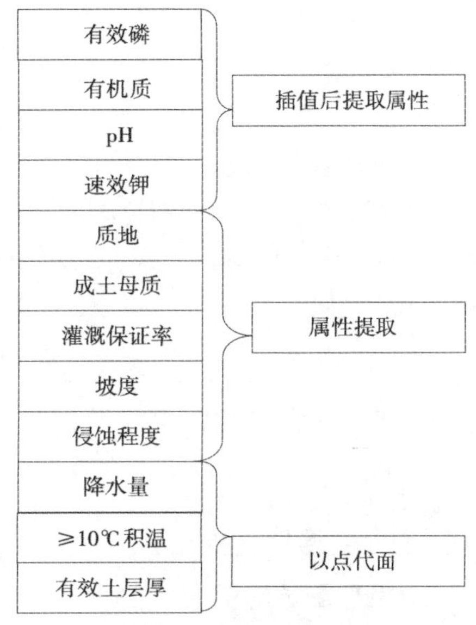

图 3-3　评价单元赋值

（三）评价过程

应用层次分析法和模糊评价法计算各因素的权重和评价评语，在耕地资源管理信息系统支撑下，以评价单元图为基础，计算耕地地力综合指数，应用累计频率曲线法确定分级方案，评价出耕地的地力等级。

二、耕地地力评价方法

（一）确定评价指标的权重

根据耕地地力评价技术流程，在建立空间数据库和属性数据库的基础上进行评价。首先确定各评价因素的隶属关系，并计算各因素的隶属度和权重，最终通过耕地资源管理系统完成评价工作。

1. 单因素评价隶属度的计算—模糊评价法

根据模糊数学的基本原理，一个模糊性概念就是一个模糊子集，模糊子集的取值为 0～1 之间的任一数值（包括 0 与 1），隶属度是元素 x 符合这个模糊性概念的程度。完全符合时为 1，完全不符合时为 0，部分符合即取 0～1 之间的一个值。隶属函数表示x_i与隶属度之间的解析函数，根据函数可以算出x_i对应的隶属度u_i。单因素评价隶属度的确定为如下几个步骤。

隶属函数模型的选择：选定表达评价指标与耕地生产能力关系的函数模型为戒上型函数和概念型指标两种类型，其表达式分别为：

（1）*戒上型函数*　如有机质、有效磷、速效钾等。

$$y_i=\begin{cases}0, & u_i \leqslant u_t \\ 1/[1+a_i(u_i-c_i)^2], & u_t < u_i < c_i (i=1, 2, \cdots, m) \\ 1, & c_i \leqslant u_i\end{cases}$$

式中，y_i 为第 i 个因素的评语；u_i 为样品观察值；c_i 标准指标；a_i 为系数；u_t 为指标下限值。

（2）概念型指标　如耕层质地、成土母质等，这类指标其性状是定性的、综合性的，与耕地的生产能力之间是一种非线性的关系。

2. 隶属度评估值

由专家组对各评价指标与耕地地力的隶属度进行评估，给出对应的隶属指标，通过对各位专家给出的值进行平均，确定不同指标条件下的隶属度评估值，作为拟合函数的原始数据（表 3-1）。

表 3-1　戒上型隶属函数模型

函数类型	项目	隶属函数	C	U_t
戒上型	有机质（g/kg）	$Y=1/[1+23.66\times10^{-4}(u-c)^2]$	$C=42.881096$	$U_t=75.39$
戒上型	有效磷（mg/kg）	$Y=1/[1+45.94\times10^{-3}(u-c)^2]$	$C=28.58318$	$U_t=211.8$
戒上型	速效钾（mg/kg）	$Y=1/[1+7.194795(u-c)^2]$	$C=232.6136$	$U_t=310.1$

3. 隶属函数的拟合

根据专家给出的评估值与对应评价因素指标值，应用戒上型函数模型进行回归拟合，建立回归函数模型（表 3-2），并经拟合检验达显著水平者用以进行隶属度的计算。12 项评价因素中 3 项为数量型指标，可以应用模型进行模拟计算；有 9 项指标为概念型指标，由专家根据各评价指标与耕地地力的相关性，通过经验直接给出隶属度。

表 3-2　概念型评价因素隶属度

评价因素	描　述	隶属度
≥10°积温	≤1 800	0.2
	1 800～2 000	0.5
	≥2 000	0.9
降水量	≤250	0.1
	250～300	0.3
	300～350	0.7
	≥350	1.0
成土母质	残坡积母质	0.1
	泥质岩母质	0.4
	河湖沉积母质	0.6
	风积砂母质	0.6
	黄土状母质	0.8
	冲洪积母质	1.0
坡度	≤2°	1.0
	2°～6°	0.7
	6°～15°	0.4
	15°～25°	0.1
	≥25°	0

（续）

评价因素	描　述	隶属度
侵蚀程度	无侵蚀	1.0
	轻度侵蚀	0.8
	中度侵蚀	0.5
	强度侵蚀	0.1
pH	≤6.5	0.7
	6.5～7.5	1.0
	7.5～8.5	0.4
	>8.5	0.1
质地	沙土	0.1
	壤土	1.0
	黏壤土	0.8
	黏土	0.6
灌溉保证率	充分满足	1.0
	基本满足	0.7
	无灌溉条件	0.1

（二）单因素评价权重的计算

1. 计算方法

应用层次分析法，把各个评价因素按照相互之间的隶属关系排成从高到低的若干层次，根据实际判断，对同一层次相对重要性进行相互比较，最后给出一定的分值，经统计分析决定各层次元素重要性的先后次序。

根据层次分析法的原理，把 12 个评价因素按照相互之间的隶属关系排成从高到低的 3 个层次。根据层次结构图，专家组就同一层次对上一层次的相对重要性给出数量化的评估，经统计汇总构成判断矩阵，通过矩阵求得各因素的权重（特征向量）。

2. 评价因素组合权重计算

通过求各判断矩阵的特征向量得到准则层和指标层的权重系数，求得每个评价指标对耕地地力的权重，即每个指标对相应准则层的权重系数乘以准则层对耕地地力的权重系数（表 3-3）。

表 3-3　层次分析结果

层次 A	气象因素	理化性质性	立地条件	组合权重
	0.064 3	0.184 7	0.751 0	$\sum C_iA_i$
降水量	0.055 1			0.857 1
≥10°积温	0.009 2			0.142 9
pH		0.006 7		0.036 2
速效钾		0.013 0		0.070 2
质地		0.0213		0.115 2
有效磷		0.048 3		0.261 5

（续）

层次 A	气象因素 0.064 3	理化性质性 0.184 7	立地条件 0.751 0	组合权重 $\sum C_iA_i$
有机质		0.095 5		0.516 9
坡度			0.027 2	0.036 2
侵蚀程度			0.052 7	0.070 2
有效土层厚度			0.086 5	0.115 2
成土母质			0.196 4	0.261 5
灌溉保证率			0.388 2	0.516 9

（三）计算耕地地力综合指数（*IFI*）

用累加法模型计算耕地地力综合指数，公式为：

$$IFI=\sum F_iC_i \quad (i=1, 2, 3, \cdots, m)$$

式中，IFI（Integrated Fertility Index）代表地力综合指数；F_i 为第 i 个因素评价（隶属度）；C_i 为第 i 个因素的组合权重。

应用耕地资源管理信息系统中的模块计算，得出耕地地力综合指数的最大值为 0.920 46，最小值为 0.449 26。

（四）耕地地力评价结果

用样点数与耕地地力综合指数制作累积频率曲线图，根据样点分布频率，分别用耕地地力综合指数（<0.515，0.515～0.600，0.600～0.690，0.690～0.775，0.775～0.860，>0.860），将锡林郭勒盟耕地分为 6 个等级。

锡林郭勒盟总耕地面积 241 901.84hm^2，占土地总面积的 1.21% 。其中一级地面积 30 021.82hm^2 占耕地总面积的 12.41%；二级地面积 48 874.32hm^2，占耕地面积的 20.20%；三级地面积 71 975.45hm^2，占耕地面积的 29.75%；四级地面积52 222.14hm^2，占耕地面积的 21.59%；五级地面积 35 532.98hm^2，占耕地面积的 14.69%；六级地面积 3 274.42hm^2，占耕地面积的 1.35%。

（五）归入农业部地力等级体系

选择 10%的评价单元，调查近 3 年的粮食产量水平，与用自然要素评价的地力综合指数进行相关分析，找出两者之间的对应关系，以粮食产量水平为引导，归入全国耕地地力等级体系（NY/T309—1996《全国耕地类型区、耕地地力等级划分》）。将本次评价结果的一级地归入农业部地力等级体系的五等地，二级地归入六等地，三级地归入七等地，四级地归入八等地，五级地归入九等地，六级地归入十等地（表 3-4、图 3-4）。

表 3-4　锡林郭勒盟不同等级耕地面积及产量对应

评价结果	一级	二级	三级	四级	五级	六级
农业部标准	五等	六等	七等	八等	九等	十等
面积（hm^2）	30 021.82	48 874.32	71 975.45	52 222.14	35 532.98	3 274.42
占比（%）	12.41	20.20	29.75	21.59	14.69	1.35
产量水平（kg/hm^2）	7 500～9 000	6 000～7 500	4 500～6 000	3 000～4 500	1 500～3 000	<1 500

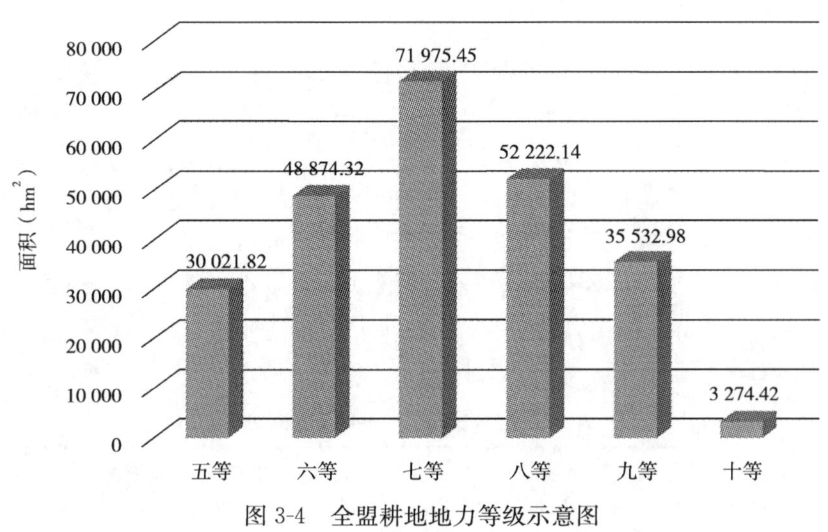

图 3-4　全盟耕地地力等级示意图

第三节　各等级耕地地力基本情况概述

一、一级地

锡林郭勒盟一级地面积 30 021.82hm²，占全盟耕地面积的 12.41%。主要分布在太仆寺旗中东部的骆驼山镇、千斤沟镇、宝昌镇，多伦县的蔡木山乡、淖尔镇、大北沟镇及东乌珠穆沁旗的宝格达山和乌拉盖管理区。太仆寺旗、多伦县、东乌珠穆沁旗分别占一级地面积的 42.7%、24.89%和 17.31%，锡林浩特市、正蓝旗亦有分布。一级地的土壤类型主要为栗钙土、黑钙土、草甸土、沼泽土和灰色森林土，其中栗钙土面积最大，占一级地面积的 52.37%；其次为黑钙土，占 26.78%，草甸土、沼泽土和灰色森林土分别占 9.67%、7.57%和 1.92%。一级地地势平坦，主要分布在沟谷平地、河流阶地，坡度小于 6°的耕地上。一级地耕作环境优良，无水土流失，土层深厚，土壤理化性状好，大部分具有灌溉条件，耕地生产能力强，适宜于各种农作物种植，马铃薯产量水平在37 500～45 000kg/hm²。一级地土壤养分相对丰富，除缺钼外，其他各种养分含量均达到中等以上水平。有机质 31.7g/kg、全氮 1.704g/kg、有效磷 14.6mg/kg、速效钾 157mg/kg，土壤 pH 7.8（表 3-5）。

表 3-5　一级地土壤养分含量统计

项目	有机质 (g/kg)	全氮 (g/kg)	有效磷 (mg/kg)	速效钾 (mg/kg)	有效锌 (mg/kg)	有效铜 (mg/kg)	有效钼 (mg/kg)	有效铁 (mg/kg)	有效锰 (mg/kg)	水溶态硼 (mg/kg)
平均	31.7	1.704	14.6	157	0.80	0.58	0.13	13.2	10.7	0.60

一级耕地生产能力强，但目前生产中存在多年连作重茬播种，重化肥轻有机肥，重用地轻养地等问题，土壤养分含量特别是有机质、全氮、速效钾呈下降趋势，所以要建立合理的轮作制度，充分应用测土配方施肥技术，提高肥料利用率。要重视增施有机肥，培肥土壤。加强深耕、深松，以改善土壤结构，提高土壤肥力的有效性，做到用地养地结合，提升耕地质量，使耕地土壤得到持续利用。

二、二级地

二级地面积 48 874.32hm^2，占全盟耕地面积的 20.2%。分布面积最大的是太仆寺旗，占 39.65%；其次是多伦县，占 22.41%；东乌珠穆沁旗占 18.25%。二级地土壤类型主要为栗钙土、黑钙土、草甸土。其中栗钙土面积最大，占二级地面积的 67.17%；其次为黑钙土，占 15.84%；草甸土占 10.44%，还有少量沼泽土和灰色森林土。二级地地势较平坦，主要分布在丘陵缓坡、阶地、湖盆外围耕地上。坡度一般也小于 6°，土体较深厚，土壤侵蚀程度轻，无明显的障碍层次，生产性能低于一级地，产量水平一般6 000～7 500 kg/hm^2。土壤除缺钼外，各种养分含量均达到中等以上水平。有机质 27.7g/kg、全氮 1.470g/kg、有效磷 9.8mg/kg、速效钾 145mg/kg，土壤 pH 7.8（表 3-6）。

表 3-6　二级地土壤养分含量统计

项目	有机质 (g/kg)	全氮 (g/kg)	有效磷 (mg/kg)	速效钾 (mg/kg)	有效锌 (mg/kg)	有效铜 (mg/kg)	有效钼 (mg/kg)	有效铁 (mg/kg)	有效锰 (mg/kg)	水溶态硼 (mg/kg)
平均	27.7	1.470	9.8	145	0.57	0.51	0.12	14.4	11.4	0.52

二级地地下水资源相对较少，要积极开展旱作基本农田建设，合理开发利用水资源，发展节水灌溉，深耕改土，增施有机肥，增厚活土层，提高土壤的蓄水保墒能力。调整优化种植结构，种植高产、优质、高效的经济作物。在农田水利设施建设的基础上，逐步建成高产稳产基本农田。

三、三级地

三级地面积 71 975.45hm^2，占全盟耕地面积的 29.75%，除苏尼特右旗和二连浩特市外，其他旗(县、市)均有分布。其中分布面积最大的是太仆寺旗，占三级地面积的 40.11%；其次是多伦县，占 20.89%；东乌珠穆沁旗(含乌拉盖管理区)占 18.96%；其他各旗(县、市)均有少量分布。三级地土壤类型主要有栗钙土、黑钙土、草甸土、灰色森林土、沼泽土。其中栗钙土面积最大，占三级地面积的 68.81%；其次为黑钙土，占 16.86%；草甸土和灰色森林土分别占 7.70%和 2.43%；其他各土类均有少量分布。三级地坡度＜2°的耕地占 55.41%，2°～6°的耕地占 34.98%，6°～15°的耕地占 9.61%。三级地有一定程度的水土流失，其中轻度侵蚀耕地占 36.88%，中度侵蚀的占 26.11%。耕地土壤养分平均含量为：有机质 26.7g/kg、全氮 1.442g/kg、有效磷 9.1mg/kg、速效钾 147mg/kg，土壤 pH 为 7.9（表 3-7）。

表 3-7　三级地土壤养分含量统计

项目	有机质 (g/kg)	全氮 (g/kg)	有效磷 (mg/kg)	速效钾 (mg/kg)	有效锌 (mg/kg)	有效铜 (mg/kg)	有效钼 (mg/kg)	有效铁 (mg/kg)	有效锰 (mg/kg)	水溶态硼 (mg/kg)
平均	26.7	1.442	9.1	147	0.58	0.53	0.12	16.4	12.4	0.53

三级地土层变薄，灌溉面积减小，理化性能较好，产量水平中等。应增施有机肥，深耕深松，提高土地蓄水保墒能力，充分接纳天上水，减少蒸发量。大力提倡地膜覆盖技术，合理轮作，用养结合。加强防护林建设，减少风蚀侵害。

四、四级地

四级地面积 52 222.14hm^2，占全盟耕地面积的 21.59%，除苏尼特左旗和西乌珠穆沁旗外，其他旗（县、市）均有分布。其中分布面积最大的是太仆寺旗，占四级地面积的 37.54%;其次是多伦县和东乌珠穆沁旗（含乌拉盖管理区），分别占 19.41%和 18.84%。四级地主要分布在丘陵缓坡。土壤类型主要有栗钙土、草甸土、风沙土，其中栗钙土面积最大，占四级地面积的 73.59%。四级地有一定程度的侵蚀，其中轻度侵蚀耕地占 34.81%，中度侵蚀的占 20.94%，强度侵蚀较少，占 0.18%。各种养分平均含量为：有机质 23.7g/kg、全氮 1.293g/kg、有效磷 7.9mg/kg、速效钾 146mg/kg，土壤 pH 为 8.0（表 3-8）。

表 3-8　四级地土壤养分含量统计

项目	有机质 (g/kg)	全氮 (g/kg)	有效磷 (mg/kg)	速效钾 (mg/kg)	有效锌 (mg/kg)	有效铜 (mg/kg)	有效钼 (mg/kg)	有效铁 (mg/kg)	有效锰 (mg/kg)	水溶态硼 (mg/kg)
平均	23.7	1.293	7.9	146	0.55	0.51	0.12	16.7	11.7	0.49

四级耕地大部分在坡耕地上，出现水土流失和风蚀沙化现象，养分缺乏，保水性能差，灌溉面积小，质地粗，理化性能不良，生产性能不稳定，产量水平低。应通过加强防护林建设，增加有机肥投入，推广测土配方施肥，合理培肥土壤，推广休闲轮作，提高耕地质量。

五、五级地

五级地面积 35 532.98hm^2，占全盟耕地面积的 14.69%，各旗（县、市）均有分布。分布面积最大的是仆寺旗，占五级地的 38.30%；多伦县占 23.33%，正镶白旗占 16.13%，锡林浩特市占 8.86%，正蓝旗占 6.68%，苏尼特右旗占 5.64%，镶黄旗占 1.75%。五级地土壤类型以栗钙土为主，占五级地面积的 93.19%。五级地水土流失较严重，其中轻度侵蚀的耕地占 41.31%，中度侵蚀的占 36.12%，强度侵蚀的占 0.17%。耕地土壤各种养分含量低，各种养分平均含量为：有机质 19.8g/kg、全氮 1.114g/kg、有效磷 7.8mg/kg、速效钾 127mg/kg，pH 为 8.1（表 3-9）。

表 3-9　五级地土壤养分含量统计

项目	有机质 (g/kg)	全氮 (g/kg)	有效磷 (mg/kg)	速效钾 (mg/kg)	有效锌 (mg/kg)	有效铜 (mg/kg)	有效钼 (mg/kg)	有效铁 (mg/kg)	有效锰 (mg/kg)	水溶态硼 (mg/kg)
平均	19.8	1.114	7.8	127	0.53	0.50	0.13	15.2	11.5	0.46

大部分五级地是坡耕地，水土流失严重，无灌溉条件，土层薄，养分含量低，耕地沙化退化严重，生产性能差，土壤蓄水保墒及保肥能力差，抵御自然灾害的能力差，产量低而不稳。遇到干旱，大幅度减产甚至绝收。因此，应加强有机肥施用，深耕深松，种植绿肥，轮闲养地，使土壤逐步得到改良或退耕还林还草。

六、六级地

六级地面积 3 274.42hm^2，占全盟耕地面积的 1.35%，集中分布在正镶白旗。六级地耕地质量差，养分含量低，耕地退化严重，建议退耕还林还草。

锡林郭勒盟耕地地力等级分布参见表 3-10。

表 3-10　全盟耕地地力等级分布

（单位：hm^2）

旗(县、市) 地力等级	项目	东乌珠穆沁旗	多伦县	二连浩特市	苏尼特右旗	苏尼特左旗	太仆寺旗	西乌珠穆沁旗	锡林浩特市	镶黄旗	正蓝旗	正镶白旗
一级地	面积	5 196.67	7 471.01				12 819.79		2 022.8		2 511.55	
	占一级地（%）	17.31	24.89				42.7		6.74		8.37	
	占旗县耕地（%）	13.81	14.4				13.6		11.89		12.06	
二级地	面积	8 917.84	10 952.44				19 378.08		3 255.39	3.16	4 241.49	2 125.91
	占二级地（%）	18.25	22.41				39.65		6.66	0.01	8.68	4.35
	占旗县耕地（%）	23.71	21.11				20.56		19.13	0.27	20.37	12.82
三级地	面积	13 643.72	15 034.87			423.09	28 869.83	182.2	5 043.08	65.93	6 539.53	2173.18
	占三级地（%）	18.96	20.89			0.59	40.11	0.25	7.01	0.09	9.09	3.02
	占旗县耕地（%）	36.27	28.98			100	30.63	97.39	29.64	5.65	31.41	13.1
四级地	面积	9 836.64	10 136.96	80.71	123.63		19 588.11		3 545.53	474.95	5 151.88	3283.73
	占四级地（%）	18.84	19.41	0.15	0.24		37.51		6.79	0.91	9.87	6.29
	占旗县耕地（%）	26.15	19.54	99.09	6.67		20.78		20.84	40.72	24.75	19.8
五级地	面积	25.12	8 291.37	0.74	1 730.5		13 607.38	4.89	3 146.53	622.45	2 373.93	5730.51
	占五级地（%）	0.07	23.33		4.87		38.3	0.01	8.86	1.75	6.68	16.13
	占旗县耕地（%）	0.07	15.98	0.91	93.33		14.44	2.61	18.49	53.36	11.4	34.55
六级地	面积											3 274.42
	占六级地（%）											100
	占旗县耕地（%）											19.74
总计	耕地面积	37 618.43	51 885.82	81.45	1 854.12	423.09	94 263.18	187.09	17 013.63	1 168.88	20 818.38	16 587.77
	占全盟耕地（%）	15.55	21.45	0.03	0.77	0.17	38.97	0.08	7.03	0.48	8.61	6.86

第四节　各旗（县、市）耕地地力基本情况

一、太仆寺旗

太仆寺旗位于锡林郭勒盟南部，东经 114°51′～115°41′、北纬 41°35′～42°10′，土地总面积3 479km²。辖 5 个镇、1 个乡、1 个苏木、176 个行政村（嘎查）、537 个自然村，分别是宝昌镇、永丰镇、骆驼山镇、千斤沟镇、红旗镇、幸福乡和贡宝拉格苏木，旗政府所在地宝昌镇。

太仆寺旗地处中温带大陆性半干旱区，海拔1 325～1 802m，光照资源充足，年温差和昼夜温差较大，无霜期短，平均 95～110d。初霜期一般在 8 月下旬，末霜期一般出现在 5 月下旬。春季干旱风大，夏季短促温热，秋季温度变化剧烈，冬季寒冷漫长。太仆寺旗境内地表水缺乏，没有常年性河流，仅有几条季节性河流分布于该旗东部。太仆寺旗分为 3 个地形地貌区，即丘陵区、丘间谷地—盆地及河谷平原区、低山丘陵区。种植作物主要为小麦、莜麦、玉米、马铃薯和杂粮杂豆。

太仆寺旗耕地面积94 263.18hm²，占全盟耕地面积的 38.97%。耕地土壤类型主要有栗钙土、黑钙土和草甸土。其中栗钙土面积最大，占全旗耕地土壤的 86.7%；其次是草甸土，占 8.47%；黑钙土占 4.84%。全旗耕地土壤养分平均含量为：有机质 27.88g/kg、全氮 1.530、有效磷 11.7mg/kg、速效钾 137mg/kg，耕地地力属于中等水平。土壤微量元素平均含量分别为：有效铁 8.43mg/kg、有效锰 8.56、有效锌 0.61mg/kg、水溶态硼 0.56mg/kg、有效铜 0.52mg/kg、有效钼 0.16mg/kg，微量元素含量全部高于临界值，处于中等水平。但太仆寺旗近半数耕地土壤缺钼，有 1/3 的耕地土壤缺锌。土壤 pH 为 8.0，即土壤呈微碱性。

太仆寺旗耕地地势较平坦，48.95%的耕地坡度小于 2°，43.28%的耕地坡度在 2°～6°之间。耕地有一定程度的风蚀侵蚀，其中轻度侵蚀的占 11.7%，中度侵蚀的占 2.6%。

全旗耕地总面积94 263.18hm²，占土地总面积的 27.14% 。其中一级地12 819.791hm²，

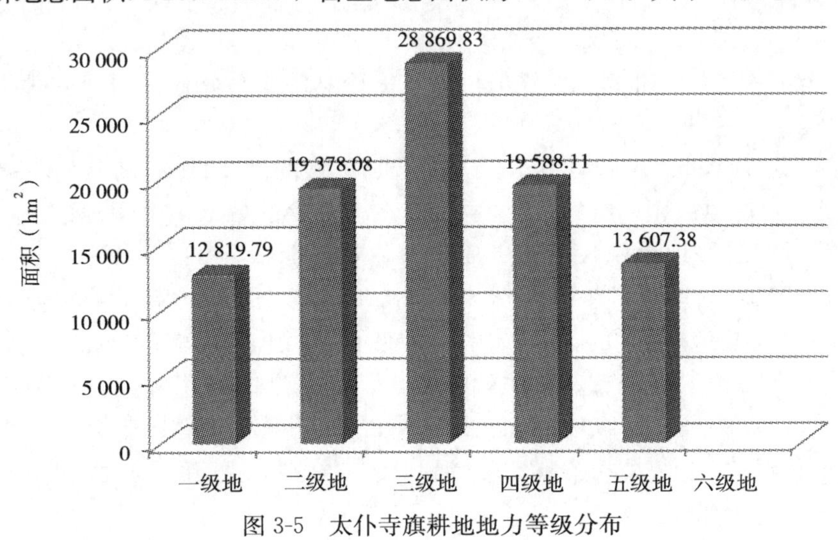

图 3-5　太仆寺旗耕地地力等级分布

占全旗耕地面积的13.6%，主要分布在太仆寺旗的中东部地区和局部的节水灌溉区；二级地19 378.08 hm^2，占耕地面积的20.56%，各乡（镇、苏木）均有分布；三级地28 869.83hm^2，占耕地面积的30.63%，各乡（镇、苏木）均有分布，其中以红旗镇、千斤沟镇分布面积较大；四级地19 588.11hm^2，占耕地面积的20.78%，全旗各乡（镇、苏木）均有分布，其中红旗镇、骆驼山镇、幸福乡，占四级地面积的74.8%；五级地13 607.38hm^2，占耕地面积的14.44%，各乡（镇、苏木）均有分布，但主要集中在西部、北部风蚀严重地区和东部水土流失严重或极端缺水地区（图3-5）。

二、多伦县

多伦县位于锡林郭勒盟东南部，东经115°30′～116°55′、北纬41°45′～42°39′，全县土地总面积3 871km^2。辖2个镇、3个乡、64个行政村、409个自然村，分别是淖尔镇、大北沟镇、蔡木山乡、西干沟乡、大河口乡，县政府所在地淖尔镇。多伦县背靠草原，面向京津，是内蒙古距北京最近的旗县。

多伦县地处中温带大陆性半干旱向半湿润过渡区内，年降水量350mm，≥10℃积温1 800～2 000℃。地貌类型属于阴山山地察哈尔低山丘陵地貌区。多伦县地下水资源比较丰富，水资源储量为0.76亿m^3。境内河流水系发育良好，水资源丰富，有常年性河流47条，季节性河流11条，大小湖泊62个，泉子81处，河流、湖泊水面总面积108.1hm^2。

多伦县耕地面积51 885.82hm^2，占全盟耕地面积的21.45%。耕地土壤质地以壤土为主，占82.11%。土壤有效土层相对较厚，有效土层大于60cm的耕地占51.24%；30～60cm的占31.46%。多伦县耕地较为平坦，坡度小于2°的耕地占52.98%；坡度在2°～6°的占39.38%。耕地土壤类型主要有灰色森林土、黑钙土、栗钙土、沼泽土和风沙土。其中栗钙土面积最大，占全县耕地土壤的73.45%；其次为草甸土，占9.06%；风沙土、沼泽土、黑钙土、灰色森林土分别占全县耕地土壤的7.20%、4.10%、4.06%和2.13%。全县耕地土壤养分含量分别为：有机质25.80g/kg、全氮1.350g/kg、有效磷10.4mg/kg、速效钾126mg/kg，均属于中等水平；土壤微量元素含量分别为：有效铁14.87mg/kg、有效锰13.46mg/kg、有效锌0.54mg/kg、水溶态硼0.50mg/kg、有效铜0.49mg/kg、有效钼0.11mg/kg，除有效钼外，都高于临界值，可见多伦县除有效钼缺乏外，其他微量元素不缺乏。

多伦县耕地面积51 886.82 hm^2，占土地面积的13.40% 。其中一级地面积7 471.01hm^2，占耕地面积14.4%，主要分布在多伦县的蔡木山乡、淖尔镇和大北沟镇的园地和水浇地；二级地面积10 952.44hm^2，占耕地面积21.11%，全县各乡镇均有分布；三级地面积15 034.87hm^2，占耕地面积28.98%，全县各乡镇均有分布，大北沟镇面积较大，占三级地面积的48.30%；四级地面积10 136.96 hm^2，占耕地面积19.54%，全县各乡镇均有分布，其中蔡木山乡、大北沟镇面积较大，分别占四级地面积的39.40%和36.93%；五级地面积8 291.37hm^2，占耕地面积15.98%，全县均有分布，但分布面积最大的是大北沟镇和大河口乡，分别占到五级地面积的54.50%和32.07%（图3-6）。

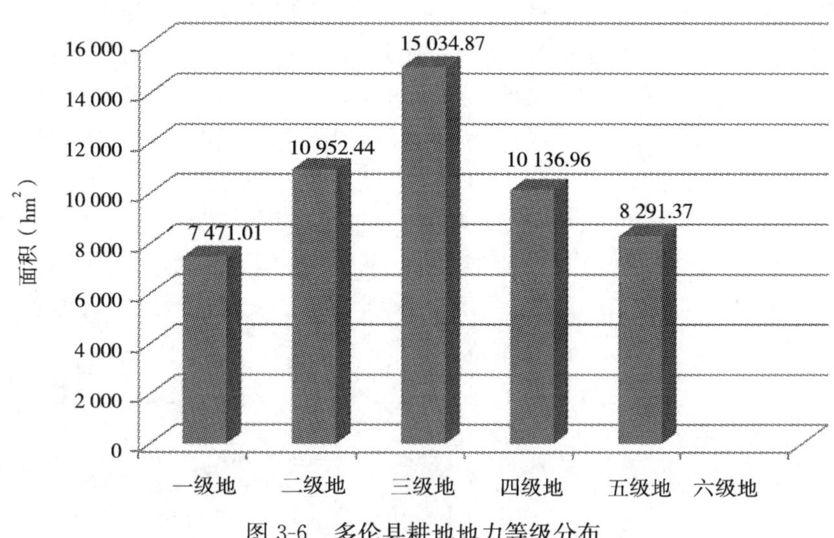

图 3-6　多伦县耕地地力等级分布

三、正蓝旗

正蓝旗位于锡林郭勒盟东南部，东经 115°00′～116°42′、北纬 41°56′～43°11′，土地总面积 10 278km²。辖 3 个镇、4 个苏木、两个国营牧场，分别是上都镇、桑根达来镇、哈毕日嘎镇、宝绍代苏木、那日图苏木、赛音呼都嘎苏木、扎格斯台苏木、黑城子示范区、五一牧场。旗政府所在地上都镇。

正蓝旗地处阴山山脉北麓东端，由低山丘陵和浑善达克沙地两大地貌构成，地势总的特点是东高西低，海拔高度 1 200～1 600 米。北部地处浑善达克沙地中段腹地，是沙地草原，占全旗总面积的 66%；南部为低山丘陵，是燕山北缘的低山丘陵与大兴安岭南缘的低山丘陵交汇地带，是草甸草原，占全旗总面积的 34%。正蓝旗属中温带大陆性季风气候。全年平均降水量 365mm，≥10℃积温 1 800～2 000℃，无霜期 110d。正蓝旗水资源丰富，地下水资源总量 31 044.37 万 m³。有大小河流 21 条，湖泊（淖）147 个，其中常年性 89 个、季节性 58 个。

正蓝旗耕地面积 20 818.38hm²，占全盟耕地面积的 8.61%。耕地质地以壤土为主，占总耕地面积的 72.93%。耕地土层相对较厚，大于 60cm 的耕地面积占 52.36 %，30～60cm 的耕地占 37.12 %，小于 30cm 的耕地占 10.51%。耕地土壤主要有栗钙土和草甸土 2 个土壤类型，其中栗钙土面积大，占全旗耕地的 81.43%，草甸土占 18.57%。

全旗耕地土壤养分平均含量分别为：有机质 23.9g/kg、全氮 1.32g/kg、有效磷 9.6mg/kg、速效钾 147mg/kg，土壤有机质、全氮、有效磷、速效钾含量都处于中等水平。土壤微量元素平均含量分别为：有效铁 11.45g/kg、有效锰 12.58mg/kg、有效锌 0.70mg/kg、水溶态硼 0.46g/kg、有效铜 0.51mg/kg、有效钼 0.09mg/kg。正蓝旗耕地土壤有效铁、有效锰、有效铜含量都比较丰富，水溶态硼、有效钼比较缺乏，缺硼面积达耕地总面积的 71.41%；缺钼面积达到 99.9%。

正蓝旗耕地的坡度较大，其中坡度在 6°～15°的耕地占 90.59%。耕地土壤也存在一定程度的风蚀现象，其中轻度侵蚀的占 40.03%，中度侵蚀的占 26.25%。

正蓝旗耕地面积 20 818.38hm²，占土地总面积的 2.02%。其中一级地面积 2 511.55hm²，占耕地面积的 12.06%，主要分布在黑城子示范区、五一牧场和上都镇，分别占一级地面积的 27.05%、17.56%和 28.5%；二级地面积4 241.49hm²，占耕地面积的 20.37%，也主要分布在黑城子示范区、五一牧场和上都镇，分别占二级地面积的 42.34%、30.02%和 27.64%；三级地6 539.53hm²，占耕地面积的 31.41%，各乡（镇、苏木）均有分布；四级地面积5 151.88 hm²，占耕地面积的 24.75%，各乡（镇、苏木）均有分布；五级地为 2 373.93hm²，占耕地面积的 11.40%，除五一牧场和黑城子示范区外，其他乡（镇、苏木）均有分布（图 3-7）。

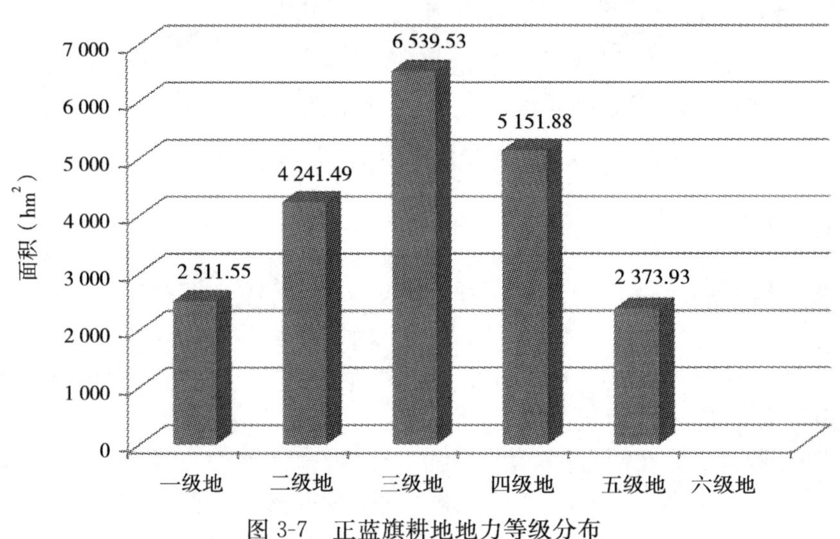

图 3-7　正蓝旗耕地地力等级分布

四、正镶白旗

正镶白旗位于锡林郭勒盟西南部，浑善达克沙地南缘的干旱草原区，东经 114°05′～115°37′、北纬 42 °05′～43°02′，土地总面积 6 215km²。辖 3 个苏木、2 个镇、77 个嘎查村，旗政府所在地明安图镇。正镶白旗属于中温带半干旱大陆性气候，主要气候特征是寒冷、干旱、风大、无霜期短，降水量少而集中。正镶白旗属于阴山山地东延部分，内蒙古高原的南缘，地形是中间高四周低，总的地势趋势是南高北低。海拔高度1 050～1 760m。地貌类型可分为低山丘陵、丘陵、丘间沟谷洼地、低丘地、河谷平原及风积沙地 6 种地貌。南半部为丘陵和低山丘陵区，北半部为大面积沙丘沙地。

正镶白旗降水量少，地表水不发育，没有常年河流，只有少量季节性河流，较大的河流有卓伦河，长 40 km，经正镶白旗向北流入正蓝旗宝绍代淖尔。有大小淖泊 105 处，广布其中。

正镶白旗耕地面积 16 587.77hm²，占锡林郭勒盟耕地面积的 6.86%。耕地土壤主要有栗钙土、草甸土、灰褐土、风沙土 4 个土壤类型，其中栗钙土面积最大，占耕地面积的 86.92%；其次为草甸土，占 10.08%；灰褐土占 2.98%。全旗耕地土壤养分平均含量为：

有机质 18.41g/kg、全氮 1.13g/kg、有效磷 9.1mg/kg、速效钾 176mg/kg，土壤 pH 8.0；土壤微量元素平均含量分别为：有效铁 7.58g/kg、有效锰 7.82mg/kg、有效锌 0.50mg/kg、有效铜 0.39mg/kg，都高于临界值。水溶态硼 0.41mg/kg、有效钼 0.11mg/kg，分别低于临界 0.5mg/kg 和 0.15mg/kg，大部分耕地土壤缺硼、缺钼。

正镶白旗耕地较平坦，坡度小于 2°的耕地占 75.99%，坡度在 2°～6°的耕地占 23.40%，坡度在 6°～15°的耕地占 0.62%。耕地风蚀面积比较大，其中轻度侵蚀的占 8.50%，中度侵蚀的占 72.23%，高度侵蚀的占 0.09%。

正镶白旗耕地面积 16 587.77hm²，占土地总面积的 2.67%。其中二级地面积 2 125.92hm²，占耕地面积的 12.82%，主要分布在星耀镇的南部和东南部；三级地面积 2 173.18hm²，占耕地面积的 13.1%，主要分布在星耀镇的东部、西部和西北部，明安图镇西南部；四级地面积 3 283.73hm²，占耕地面积的 19.80%，主要分布在星耀镇和明安图镇西部；五级地面积 5 730.51hm²，占耕地面积的 34.55%，主要分布在星耀镇及明安图镇北部；六级地面积 3 274.42hm²，占耕地面积的 19.74%（图 3-8）。

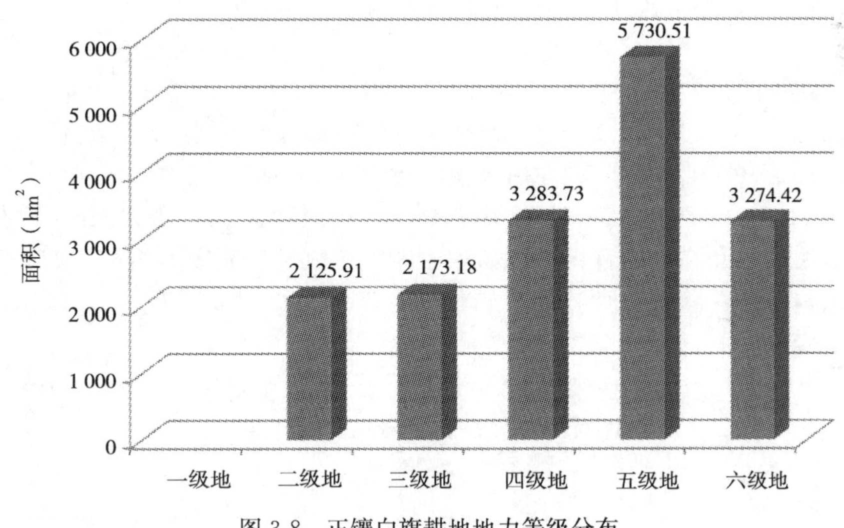

图 3-8　正镶白旗耕地地力等级分布

五、锡林浩特市

锡林浩特市位于锡林郭勒盟中北部，地处大兴安岭西延的低山丘陵边缘地带。东经 115°18′～117°06′、北纬 43°02′～44°52′，土地总面积14 592km²。辖 2 个苏木、1 个镇、6 个国有农牧场、7 个街道办事处。锡林浩特市是锡林郭勒盟盟府所在地，是全盟政治、经济、文化、教育和交通中心。

锡林浩特市南高北低，南部为低山丘陵，北部为平缓的波状平原，海拔 884.4～1 699.6m，属中温带半干旱大陆性气候，年平均降水量 294.9mm，无霜期 110d。锡林河从克什克腾旗流入本市，此流域形成大面积的河谷冲积平原。还有东西向的时令河，分布着较大面积的河谷冲积平原。境内有查干诺尔、巴彦诺尔以及白银库伦诺尔等。本市最南端为浑善达克沙地，丘间甸子广布其中，水草丰茂，是良好的天然牧场。沙地的北部及西北部为地势起伏的熔岩台地，死火山锥群广布其上，构成本市特殊的地貌单元。锡林浩特市西部为大面积的低山丘陵及波状高平原，局部地区分布着丘间沟谷洼地及剥蚀残丘。

锡林浩特市耕地面积 17 013.63hm²，占全盟耕地面积的 7.03%。耕地土壤类型有栗钙土、黑钙土、草甸土、风沙土、沼泽土 5 个土类。其中栗钙土面积最大，占全市耕地面积的 81.32%；黑钙土、草甸土、风沙土和沼泽土分别占 9.09%、7.72%、1.67%和 0.2%。全市耕地土壤养分平均含量为：有机质 25.10g/kg、全氮 1.396g/kg、有效磷 10.8mg/kg、速效钾 177mg/kg，耕地地力属于中等水平。土壤 pH 为 8.0，即土壤呈微碱性。土壤微量元素平均含量分别为：有效铁 12.58mg/kg、有效锰 15.91mg/kg、有效锌 0.69mg/kg、水溶态硼 0.56mg/kg、有效铜 0.47mg/kg、有效钼 0.08mg/kg。耕地土壤有效铁、有效锰、有效锌、有效铜含量相对比较丰富，而水溶态硼、有效钼比较缺乏，耕地缺硼面积占耕地面积的 59.9%，缺钼面积占 99.0%。锡林浩特市耕地地势较平坦，坡度小于 2°的耕地占 68.72%，坡度在 2°～6°的耕地占 31.27%，坡度在 6°～15°的耕地仅占 0.01%。有效土层厚度大于 60cm 的占 13.23%，30～60cm 的占 84.87%，小于 30cm 的占 1.90%。

全市总耕地面积 17 013.63hm²，占土地总面积的 1.16%。其中一级地 2 022.80hm²，占耕地面积的 11.89%，主要分布白音锡勒牧场和锡林浩特市周边；二级地 3 255.39hm²，占耕地面积的 19.13%，主要分布在白音锡勒牧场和奶牛场；三级地 5 043.08hm²，占耕地面积的 29.64%，各苏木（镇、场）均有分布；四级地面积3 545.53hm²，占耕地面积的 20.84%，主要分布在在白音锡勒牧场和白银库伦牧场；五级地面积 3 146.53hm²，占耕地面积的 18.49%。除贝力克牧场、奶牛场、锡林浩特市市区外，其他苏木（镇、场）均有分布（图 3-9）。

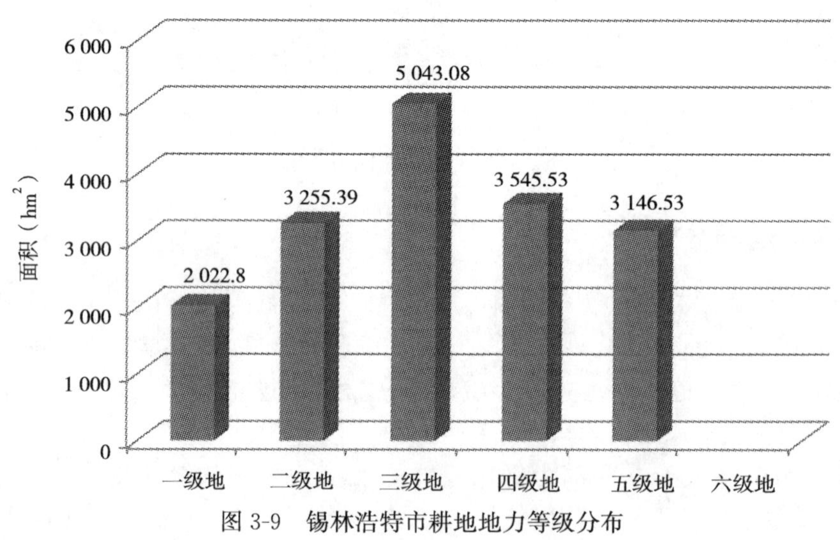

图 3-9　锡林浩特市耕地地力等级分布

六、东乌珠穆沁旗

东乌珠穆沁旗（含乌拉盖管理区）位于锡林郭勒盟东北部，大兴安岭西麓，东经

115°10′～119°58′、北纬 44°41′～46°46′，土地总面积 42 245km^2。辖 5 个镇、4 个苏木、1 个国营林场和乌拉盖管理区。东乌珠穆沁旗地势北高南低，由东向西倾斜，海拔 800～1 500m 之间。北部是低山丘陵，南部是盆地。属北温带大陆性气候。东乌珠穆沁旗（含乌拉盖管理区）土壤水平地带性分布非常明显，由东向西依次分布有灰色森林土、黑钙土、栗钙土，非地带性土壤有沼泽土、草甸土。东乌珠穆沁旗境内河流均属内陆水系，主要河流是乌拉盖河，其次有那仁河、阿尔苏巴拉河、巴音罕盖河、铁门高勒；有大小湖泊 107 个，其中淡水湖泊 48 个、咸水湖泊 59 个，有泉水 64 眼。

全旗耕地面积 37 618.43hm^2，占全盟耕地面积的 15.55%。全旗耕地土壤类型有黑钙土、沼泽土、栗钙土、草甸土和灰色森林土。其中黑钙土面积最大，占 74.79%；其次是沼泽土，占 10.13%；灰色森林土、草甸土和栗钙土分别占 8.87%、5.68%和 0.54%，还有少量山地草甸土。耕地土壤质地以壤土为主，占 87.07%；其次是黏壤土，占 12.93%。土壤有效土层较厚，其中大于 60 cm 的占 79.28%；30～60cm 的占 20.70%；小于 30cm 的占 0.02%。大部分耕地都有一定的坡度，其中坡度小于 2°的耕地面积占 22.32%，坡度在 2°～6°的耕地占 75.16%，坡度在 6°～15°的耕地占 2.52%。东乌珠穆沁旗（含乌拉盖管理区）耕地养分含量比较高，其中有机质 51.45g/kg、全氮 2.560g/kg、有效磷 16.6mg/kg、速效钾 172mg/kg。土壤有机质、全氮含量都处于极高水平，速效钾、有效磷处于中等水平。土壤微量元素平均含量分别为：有效铁 34.54mg/kg、有效锰 22.26mg/kg、有效锌 0.57mg/kg、水溶态硼 0.74mg/kg、有效铜 0.83mg/kg、有效钼 0.13mg/kg，微量元素中有效铁含量处于极高水平，有效锰含量处于高水平，有效锌、水溶态硼、有效铜含量处于中等水平，有效钼处于低水平。东乌珠穆沁旗耕地土壤除缺钼外，其他微量元素总体不缺乏，缺钼面积达到 96%。所以在施肥中要重视钼肥的施入，尤其是豆科作物对钼较敏感，如果耕地缺钼，对豆科作物产量影响较大。

东乌珠穆沁旗（含乌拉盖管理区）耕地面积 37 618.43hm^2，占土地面积的 0.89%，其中一级地面积 5 196.67hm^2，占耕地面积的 13.81%，主要分布在宝格达山、满都呼宝拉格镇、呼热图淖尔苏木；二级地面积 8 917.84hm^2，占耕地的 23.71%，主要分布在哈

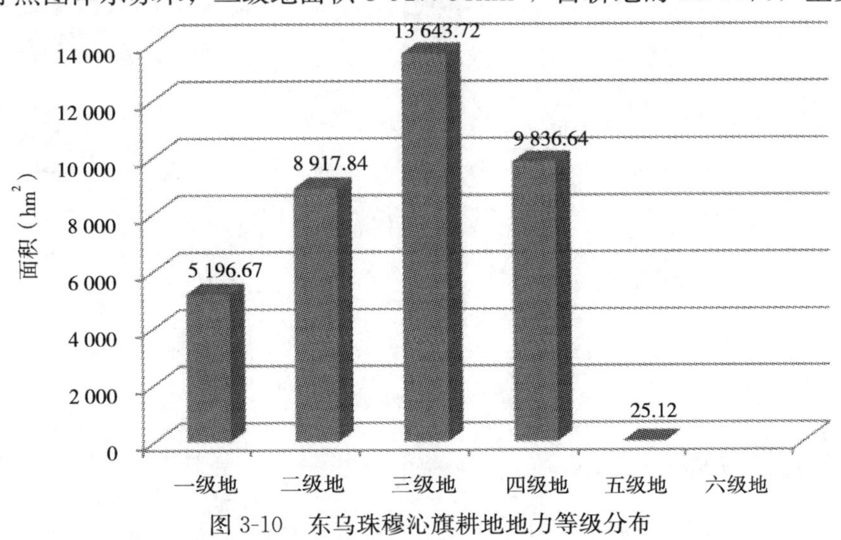

图 3-10 东乌珠穆沁旗耕地地力等级分布

拉盖图牧场、贺斯格乌拉牧场及呼热图淖尔苏木；三级地面积13 643.72hm²，占耕地面积的36.27%，各苏木镇及乌拉盖管理区均有分布；四级地面积9 836.64hm²，占耕地面积的26.15%，主要分布在贺斯格乌拉牧场、乌里雅斯太镇等地；五级地面积25.12hm²，占耕地面积的0.07%（图3-10）。

七、西乌珠穆沁旗

西乌珠穆沁旗位于锡林郭勒盟东部，东经116°21′～119°31′、北纬43°57′～45°23′，土地总面积22 435km²。辖2个苏木、5个镇，以畜牧业为主。巴拉嘎尔高勒镇是旗政府所在地。降水量300～350mm，≥10℃积温为1 800～2 000℃。全旗耕地面积187.09hm²，占全盟耕地面积的0.08%。耕地主要分布在巴拉嘎尔高勒镇、浩勒图高勒镇等地，种植作物以青贮玉米为主。耕地土壤类型主要是栗钙土，占耕地面积的99.73%。西乌珠穆沁旗耕地地势较平坦，坡度均小于2°，土壤质地主要为砂壤土，有效土层较厚，主要在30～60cm之间。

耕地土壤养分平均含量分别为：有机质22.31g/kg、全氮1.340g/kg、有效磷11.9mg/kg、速效钾120mg/kg，土壤有机质、全氮、有效磷、速效钾含量均处于中等水平。

土壤微量元素平均含量分别为：有效铁19.80mg/kg、有效锰16.18mg/kg、有效锌0.41mg/kg、水溶态硼0.69mg/kg、有效铜0.79mg/kg、有效钼0.13mg/kg。全旗微量元素中有效铁、有效锰含量处于高水平，水溶态硼、有效铜处于中等水平，有效锌、有效钼处于低水平。西乌珠穆沁旗有效钼比较缺乏，缺钼面积占96.7%。

西乌珠穆沁旗耕地面积187.09hm²，其中三级地面积182.20hm²，占全旗耕地面积的97.39%，分布在巴拉嘎尔高勒；五级地面积4.89hm²，占耕地面积的2.61%（图3-11）。

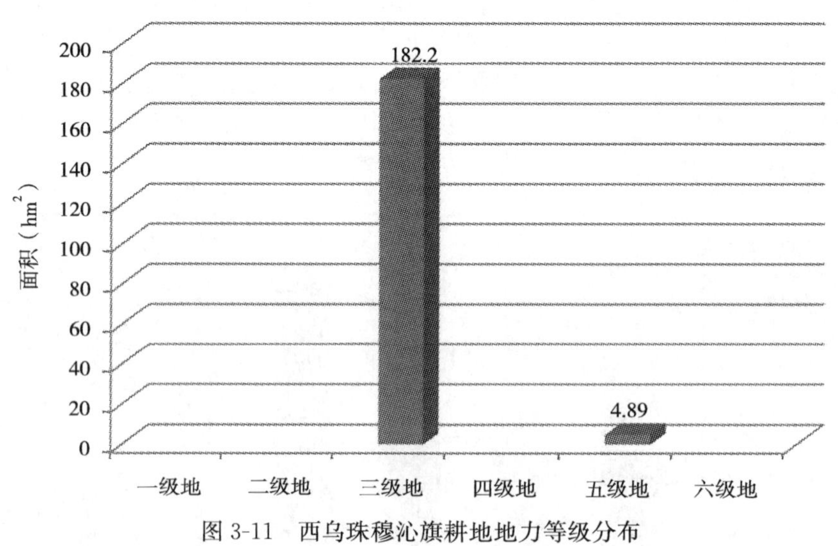

图3-11　西乌珠穆沁旗耕地地力等级分布

八、苏尼特左旗

苏尼特左旗位于锡林郭勒盟西北部，东经111°24′～115°12′、北纬42°45′～45°15′。

北与蒙古国接壤，国境线长达 316km，是内蒙古 19 个边境旗之一，总土地面积34 251 km^2。辖 3 个镇、4 个苏木、49 个嘎查。分别是满都拉图镇、查干敖包镇、巴彦淖尔镇、巴彦乌拉苏木、赛罕高毕苏木、洪格尔苏木、达来苏木，旗政府所在地是满都拉图镇。苏尼特左旗是以蒙古族为主体的纯牧业边境旗，草场面积占土地面积的 96.7%。

苏尼特左旗属半干旱大陆性气候，降水稀少，日照充足，日照时数长，太阳辐射量高，风力强，风量较大。苏尼特左旗水系不发育，境内仅有一条内陆河——努格斯河，常年性淖尔 13 个，泉眼 55 处。苏尼特左旗比较干旱，年降水量仅为 150～250mm。≥10℃积温为 2 000℃。耕地面积 423.09hm^2，为三级地，占全盟耕地面积的 0.17%。苏尼特左旗耕地较平坦，99.06%的耕地坡度小于 2°。苏尼特左旗风蚀沙化现象较严重。强度侵蚀耕地占 92.78%，中度侵蚀的占 6.43%。耕地土壤主要为灰色草甸土，耕地有效土层较薄，有效土层厚度小于 30cm 的耕地占耕地面积的 97.38%。

苏尼特左旗耕地土壤养分含量比较低，其中有机质 15.38g/kg、全氮 0.980g/kg、有效磷 8.6mg/kg、速效钾 156mg/kg。有机质、全氮、有效磷含量都处于低水平，速效钾处于中等水平。土壤 pH 为 8.3，呈碱性。

土壤微量元素平均含量分别为：有效铁 6.60mg/kg、有效锰 9.60mg/kg、有效锌 0.49mg/kg、水溶态硼 0.61mg/kg、有效铜 0.75mg/kg、有效钼 0.13mg/kg。微量元素中有效铁、有效锰、水溶态硼、有效铜含量都处于中等水平，有效锌、有效钼处于低水平，耕地普遍缺锌和钼。

九、苏尼特右旗

苏尼特右旗位于锡林郭勒盟西北部，东经 111°08′～114°16′、北纬 41°55′～43°39′。地处干旱草原向荒漠草原过渡地带，总土地面积 22 461km^2。辖 3 个镇、3 个苏木，分别是赛汉塔拉镇、朱日和镇、乌日根塔拉镇，额仁淖尔苏木、桑宝拉格苏木、赛罕乌力吉苏木。地势南高北地，南部为起伏的低山丘陵，北部为高平原，海拔 900～1 400m，年降水量为 150～250mm，无霜期 120d，是全盟积温最高的旗县。苏尼特右旗耕地面积1 854.13 hm^2，占全盟耕地面积的 0.77%，主要集中在朱日和镇、赛汉塔拉镇等地，种植作物主要有马铃薯、青贮玉米等。耕地土壤类型为栗钙土、潮土和棕钙土，其中栗钙土面积最大，占 99.75%。苏尼特右旗耕地较平坦，坡度小于 2°的耕地占 61.56%，坡度在 2°～6°的耕地占 35.47%，坡度在 6°～15°的耕地占 2.97%。

苏尼特右旗耕地土壤养分含量比较低，其中有机质 15.11/kg、全氮 0.930g/kg、有效磷 9.8mg/kg、速效钾 148mg/kg。土壤有机质、全氮平均含量处于低水平，有效磷、速效钾处于中等水平。

土壤微量元素平均含量分别为：有效铁 5.13mg/kg、有效锰 8.40mg/kg、有效锌 0.52mg/kg、水溶态硼 0.47mg/kg、有效铜 0.78mg/kg、有效钼 0.13mg/kg。微量元素中有效铁、有效锰、有效锌、水溶态硼、有效铜都处于中等水平，水溶态硼、有效钼处于低水平，苏尼特右旗严重缺钼，缺钼面积占 97.6%。

苏尼特右旗耕地面积 1 854.13m^2，其中四级地面积 123.63hm^2，占全旗耕地面积的 6.67%；五级地面积1 730.50hm^2，占耕地面积的 93.33%，主要分布在朱日和镇。苏尼特右旗的耕地地力水平较低（图 3-12）。

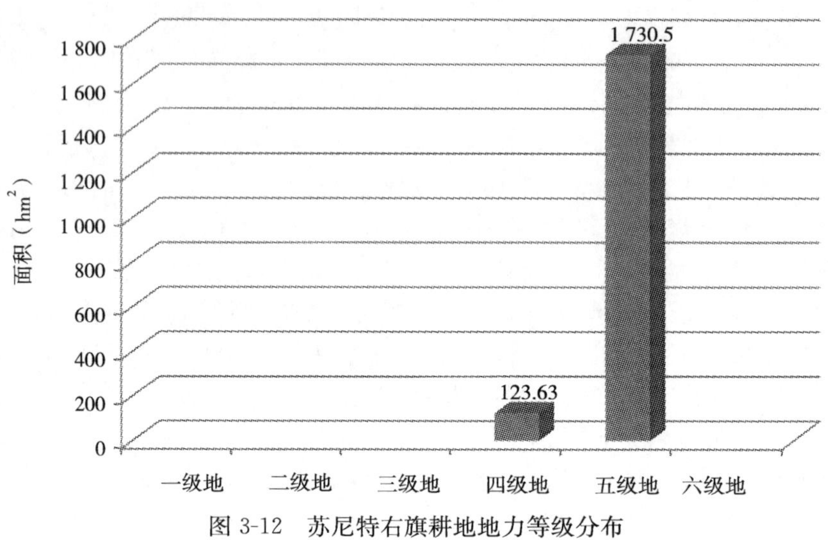

图 3-12 苏尼特右旗耕地地力等级分布

十、二连浩特市

二连浩特市地处锡林郭勒盟西北部，东经 111°17′～112°25′、北纬 42°55′～43°53′，与蒙古国扎门乌德隔界相望，土地总面积 4 015km^2。辖一个苏木、5 个嘎查、8 个社区。

二连浩特市属温带大陆性季风气候和干旱荒漠草原气候，气候干旱，年降水量仅为 200mm。地表无河流，地下有古河道穿境而过。二连浩特市耕地较平坦，土壤质地以砂壤土为主，占 51.18%，黏壤土占 48.82%。有效土层较薄，小于 30cm 的耕地占 48.82%，在 30～60cm 的占 51.18%。

二连浩特市耕地土壤养分含量比较低，其中有机质 10.83g/kg、全氮 0.550g/kg、有效磷 12.4mg/kg、速效钾 144mg/kg。土壤有机质平均含量处于低水平，全氮处于极低水平，有效磷、速效钾处于中等水平。土壤 pH 为 8.5，耕地土壤呈碱性。

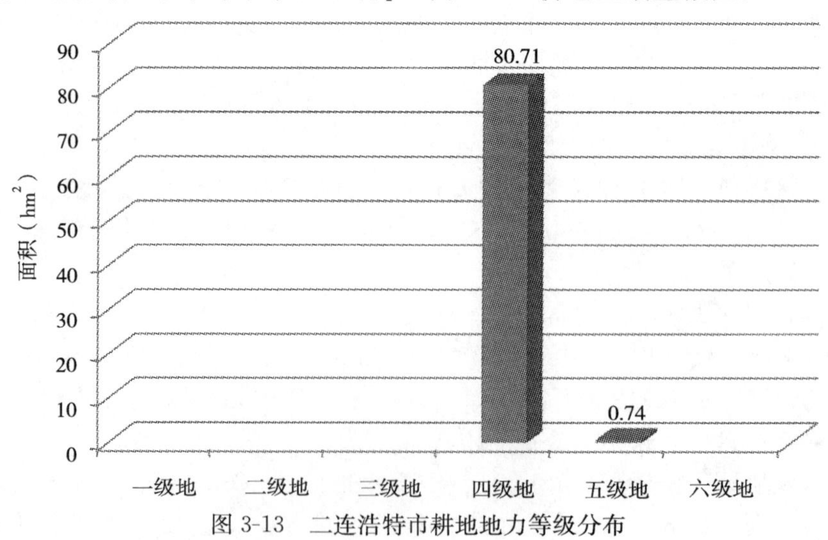

图 3-13 二连浩特市耕地地力等级分布

土壤微量元素平均含量分别为：有效铁 4.90mg/kg、有效锰 9.80mg/kg、有效锌 0.36mg/kg、水溶态硼 0.84mg/kg、有效铜 0.50mg/kg、有效钼 0.12mg/kg。微量元素中水溶态硼、有效铁、有效锰、有效铜处于中等水平，有效锌、有效钼处于低水平。二连浩特严重缺钼、缺锌，缺钼、缺锌面积达到 100%。

二连浩特市耕地面积 81.5hm²，占全盟耕地面积的 0.03%。其中四级地面积 80.71hm²，占全市耕地面积的 99.09%，主要分布在格日勒敖都苏木；五级地面积 0.74hm²，占全市耕地面积的 0.91%（图 3-13）。

十一、镶黄旗

镶黄旗位于锡林郭勒盟西南端，东经 113°30′～114°45′、北纬 41°56′～42°45′，土地总面积 5 144km²。辖 2 个镇、2 个苏木，60 个嘎查、6 个社区居委会，全旗耕地面积 1 168.88hm²，占全盟耕地面积的 0.48%。耕地土壤类型主要为栗钙土，占 99.77%；其次为潮土，占 0.03%。

镶黄旗耕地土壤养分平均含量分别为：有机质 21.52g/kg、全氮 1.228g/kg、有效磷 8.2mg/kg、速效钾 169mg/kg。有机质、全氮、速效钾处于中等水平，有效磷处于低水平。

土壤微量元素平均含量分别为：有效铁 7.78mg/kg、有效锰 9.30mg/kg、有效锌 0.44mg/kg、水溶态硼 0.56mg/kg、有效铜 0.67mg/kg、有效钼 0.13mg/kg。微量元素中有效铁、有效锰、水溶态硼、有效铜含量处于中等水平，有效锌、有效钼处于低水平。耕地土壤中严重缺钼，缺钼面积占 93.2%。

镶黄旗耕地面积 1 168.88hm²。其中二级地面积 3.16hm²，占全旗耕地面积的 0.27%；三级地面积 65.93hm²，占耕地面积的 5.65%；四级地面积 474.95hm²，占耕地面积的 40.72%，主要分布在巴彦塔拉镇；五级地面积 622.45hm²，占耕地面积的 53.36%，主要分布在巴彦塔拉镇和宝格达音高勒苏木。镶黄旗耕地地力水平较低（图 3-14）。

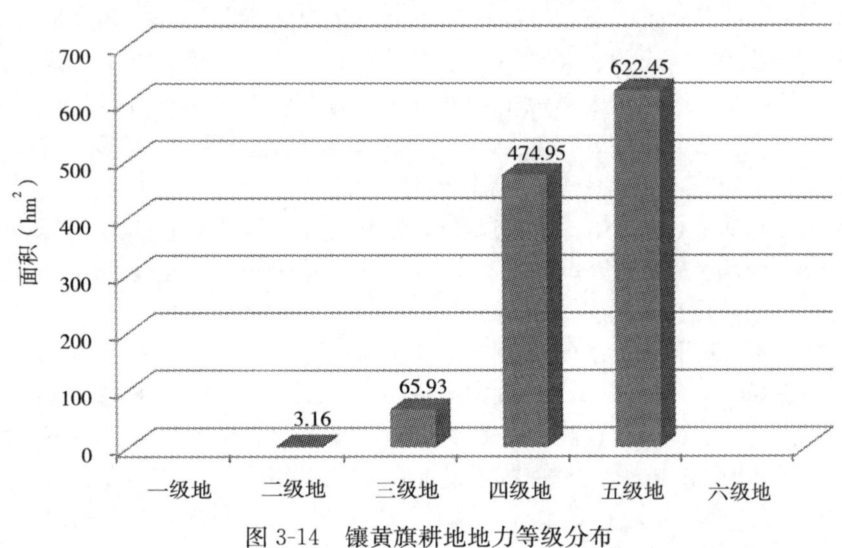

图 3-14　镶黄旗耕地地力等级分布

锡林郭勒盟耕地土壤类型参见表 3-11。

表 3-11 全盟耕地土壤类型分布

（单位：hm^2）

土类	东乌珠穆沁旗	多伦县	二连浩特市	苏尼特右旗	苏尼特左旗	太仆寺旗	西乌珠穆沁旗	锡林浩特市	镶黄旗	正蓝旗	正镶白旗
草甸土	2 136.08	4 703.24			423.09	7 981.01	0.08	1 312.62		3 970.40	1 672.77
潮土			80.71	3.84					0.44		
风沙土		3 734.91						283.95			0.96
黑钙土	28 133.01	2 105.98				4 563.08		1 547.20			
灰褐土											494.01
灰色森林土	3 337.15	1 104.16									
栗钙土	203.93	38 111.81		1 849.52		81 723.15	186.58	13 835.76	1 166.22	16 849.63	14 418.62
山地草甸土	0.59										
沼泽土	3 809.17	2 126.41						33.80			
棕钙土			0.74	0.01							
合计	37 618.43	51 885.82	81.45	1 854.12	423.09	94 263.18	187.09	17 013.63	1 168.88	20 818.38	16 587.77

十二、阿巴嘎旗

阿巴嘎旗地处锡林郭勒盟中北部，东经 113°27′～116°11′、北纬 43°04′～45°26′，土地总面积 27500km^2，辖 3 个镇、4 个苏木、71 个嘎查。镇（苏木）分别为：别力古台镇、查干淖尔镇、洪格尔高勒镇、那仁宝拉格苏木、吉尔嘎朗图苏木、伊和高勒苏木、巴彦图嘎苏木。地貌类型有低山丘陵、高平原、熔岩台地和沙地。据第二次国土调查：阿巴嘎旗没有耕地，只有人工草地。人工草地主要分布在别力古台镇的熔岩台地和高平地上，总面积 2354.6 hm^2，种植作物以青贮玉米为主。人工草地土壤类型以栗钙土为主，占 82.7%，风沙土占 11.4%，盐土和棕钙土分别占 3.4%和 1.7%。

阿巴嘎旗人工草地土壤养分平均含量分别为：有机质 20.0g/kg，全氮 1.093g/kg，有效磷 11.3mg/kg，速效钾 198mg/kg。人工草地土壤有机质、有效磷平均含量处于中等水平，全氮处于低水平，速效钾处于高水平。

人工草地微量元素平均含量分别为：有效铁 7.4mg/kg，有效锰 9.14mg/kg，有效锌 0.51mg/kg，有效硼 0.71mg/kg，有效铜 0.41mg/kg，有效钼 0.16mg/kg。微量元素中有效铁、有效锰、有效锌、有效硼、有效铜、有效钼平均含量全部处于中等水平。

人工草地面积 2354.6hm^2，其中二级地面积 735.2 hm^2，占人工草地面积的 31.2%；三级地面积 305.9hm^2，占人工草地面积的 13.0%；四级地面积 1313.5hm^2，占人工草地面积的 55.8%。阿巴嘎旗人工草地地力水平中等（图 3-15）。

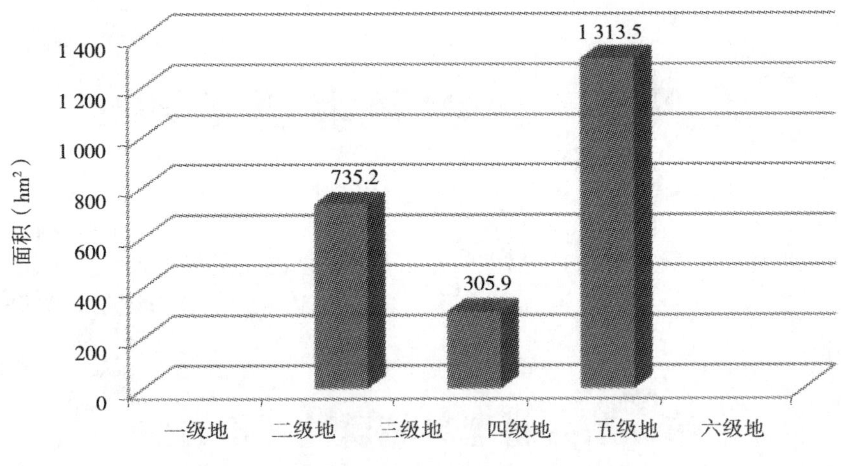

图 3-15　阿巴嘎旗人工草地地力等级分布

第四章　土壤环境质量评价

为掌握耕地环境质量状况，在全盟各旗（县、市）建立了耕地质量定位监测点，对可能造成土壤污染的镉、汞、砷、铜、铅、铬的含量状况进行了分析评价，为开展耕地修复提供依据。

第一节　耕地环境质量评价方法

一、土壤污染评价标准

根据《土壤环境质量标准》（GB151618—1995）、《农产品安全质量无公害蔬菜产地环境要求》（GB/T18407—2001）、《绿色食品产地环境技术条件》（NY/T391—2000）的要求，建立了锡林郭勒盟不同 pH 条件下土壤环境质量单项污染物评价表，分为以下 3 级标准，1 级、2 级为合格，3 级为不合格。选择了镉、汞、砷、铜、铅、铬共 6 项指标。

1 级：优，符合我国《绿色食品产地环境技术条件》（NY/T 391—2000）标准所列出的条件指标。

2 级：良，符合农业部颁布的《农产品安全质量无公害蔬菜产地环境要求》（GB/T18407—2001）标准所列条件指标。不同 pH 条件，不同利用方式的 3 级土壤污染物的含量标准见表 4-1。

表 4-1　耕地土壤单项指标评价标准

级别	pH	土壤污染物（mg/kg）					
		镉	汞	砷	铜	铅	铬
1 级，优 NY/T 391—2000	<6.5	≤0.30	≤0.25	≤25	≤50	≤50	≤120
	6.5～7.5	≤0.30	≤0.30	≤20	≤60	≤50	≤120
	>7.5	≤0.40	≤0.35	≤20	≤60	≤50	≤120
2 级，良 GB/T 18407—2001	<6.5	≤0.30	≤0.30	≤40	≤50	≤100	≤150
	6.5～7.5	≤0.30	≤0.50	≤30	≤100	≤150	≤200
	>7.5	≤0.60	≤1.0	≤25	≤100	≤150	≤250
3 级，不合格	<6.5	>0.30	>0.30	>40	>50	>100	>150
	6.5～7.5	>0.30	>0.50	>30	>100	>150	>200
	>7.5	>0.60	>1.0	>25	>100	>150	>250

二、评价指标分类

由于不同环境要素的各项指标对人体及生物的危害程度不同，如土壤中镉的生物学危害大于铜，因而把水、土等各环境要素的评价指标分为两类，一类为严控指标，另一类为一般控制指标（表 4-2）。严控指标只要有一项超标即视为该级别不合格，应相应降级；一般控制指标若有一项或多项超标，只要综合污染指数小于 1，可不降级，综合污染指数大于 1 时则降级。

表 4-2　评价指标分类

环境要素	严控指标	一般控制指标
土壤	镉、汞、砷、铬	铜、铅

三、污染指数计算方法

（一）单因子污染指数计算

采用分指数法计算单因子污染指数，公式为：

$$P_i = C_i / S_i$$

式中，P_i 为单项污染指数；C_i 为某污染物实测值；S_i 为某污染物评价标准。

当 $P_i<1$ 为未污染，$P_i>1$ 为污染。P_i 越大污染越严重。

（二）多因子综合污染指数计算

采用尼梅罗污染指数法计算多因子综合污染指数，公式为：

$$P_{综} = \sqrt{\frac{P_{i平均}^2 + P_{i\max}^2}{2}}$$

式中，$P_{综}$为综合污染指数；$P_{i平均}$为各单项污染指数的平均值；$P_{i\max}$为各单项污染指数的最大值。

（三）综合污染分级

根据综合污染指数大小，对污染程度进行分级，标准见表 4-3。

表 4-3　土壤综合污染分级标准

综合污染等级	综合污染指数	污染程度	污染水平
1	$P_{综} \leqslant 0.7$	安全	清洁
2	$0.7 < P_{综} \leqslant 1.0$	警戒限	尚清洁
3	$1.0 < P_{综} \leqslant 2.0$	轻污染	污染物超过起始污染后，作物开始污染
4	$2.0 < P_{综} \leqslant 3.0$	中污染	土壤和作物污染明显
5	$P_{综} > 3.0$	重污染	土壤和作物污染严重

四、评价结果

评价中，全盟共采集土样 385 个，分析土壤点、面源污染程度，耕地土壤重金属含量统计结果见表 4-4 至表 4-10。

表 4-4　太仆寺旗重金属含量分析化验统计结果

项目	镉（mg/kg）	铅（mg/kg）	铬（mg/kg）	砷（mg/kg）	汞（mg/kg）	铜（mg/kg）
最大	0.433	20.747	42.290	12.710	0.300	9.940

（续）

项目	镉（mg/kg）	铅（mg/kg）	铬（mg/kg）	砷（mg/kg）	汞（mg/kg）	铜（mg/kg）
最小	0.015	1.657	3.190	3.430	0.000	0.110
平均	0.077	9.696	15.368	7.572	0.026	0.520
标准差	0.046	3.763	8.086	1.405	0.038	0.288
变异系数（%）	60.510	38.810	52.610	18.550	146.960	55.400

表 4-5　多伦县重金属含量分析化验统计结果

项目	镉（mg/kg）	铅（mg/kg）	铬（mg/kg）	砷（mg/kg）	汞（mg/kg）	铜（mg/kg）
最大	0.199	18.182	38.840	10.980	0.193	3.370
最小	0.002	0.008	1.150	2.990	0.001	0.100
平均	0.082	5.785	11.514	6.176	0.019	0.500
标准差	0.052	4.006	5.772	1.927	0.031	0.223
变异系数（%）	63.360	69.250	50.130	31.210	159.870	44.600

表 4-6　正镶白旗重金属含量分析化验统计结果

项目	镉（mg/kg）	铅（mg/kg）	铬（mg/kg）	砷（mg/kg）	汞（mg/kg）	铜（mg/kg）
最大	0.183	18.970	19.610	9.510	0.023	3.210
最小	0.016	3.981	1.150	5.450	0.005	0.100
平均	0.056	9.057	11.349	7.146	0.011	0.400
标准差	0.034	3.582	5.631	0.874	0.004	0.178
变异系数（%）	60.270	39.550	49.610	12.220	41.670	44.500

表 4-7　正蓝旗重金属含量分析化验统计结果

项目	镉（mg/kg）	铅（mg/kg）	铬（mg/kg）	砷（mg/kg）	汞（mg/kg）	铜（mg/kg）
最大	0.167	11.335	34.760	10.210	0.253	1.790
最小	0.011	1.946	1.410	3.040	0.001	0.160
平均	0.064	5.421	11.514	7.014	0.022	0.500
标准差	0.042	2.352	5.945	1.574	0.045	0.162
变异系数（%）	65.840	43.380	51.630	22.430	203.130	32.400

表 4-8　锡林浩特市重金属含量分析化验统计结果

项目	镉（mg/kg）	铅（mg/kg）	铬（mg/kg）	砷（mg/kg）	汞（mg/kg）	铜（mg/kg）
最大	0.281	13.108	23.860	19.17	0.160	2.070
最小	0.013	0.433	2.140	2.050	0.001	0.110
平均	0.112	5.548	12.636	7.172	0.015	0.470
标准差	0.060	3.116	4.290	2.665	0.028	0.172
变异系数（%）	53.640	56.170	33.950	37.150	190.280	36.600

表 4-9　乌拉盖重金属含量分析化验统计结果

镉（mg/kg）	铅（mg/kg）	铬（mg/kg）	砷（mg/kg）	汞（mg/kg）	铜（mg/kg）	镉（mg/kg）
最大	0.564	15.248	109.210	13.120	0.054	3.490
最小	0.013	0.809	0.690	3.840	0.001	0.100
平均	0.107	7.528	15.571	8.991	0.011	1.000
标准差	0.093	4.105	19.323	2.264	0.007	0.335
变异系数（%）	86.810	54.530	124.090	25.180	68.780	33.500

表 4-10　牧区旗市重金属含量分析化验统计结果

项目	镉（mg/kg）	铅（mg/kg）	铬（mg/kg）	砷（mg/kg）	汞（mg/kg）	铜（mg/kg）
最大	0.183	16.506	36.267	13.497	0.038	1.720
最小	0.020	2.636	2.170	4.646	0.006	0.230
平均	0.094	6.537	17.039	7.825	0.014	0.730
标准差	0.047	3.466	8.861	2.401	0.008	0.353
变异系数（%）	50.391	53.020	52.001	30.685	54.186	48.700

所有样点土壤重金属镉、铅、铬、砷、汞、铜含量的平均值及最大值都远低于《土壤环境质量标准》（GB 15618—1995）自然背景的极限值，属于一级标准；所有样点重金属含量均符合《无公害食品蔬菜产地环境条件》（NY 5010—2001）和《绿色食品产地环境技术条件》（NY/T 391—2000）的土壤环境质量要求（锡林郭勒盟只有东乌珠穆沁旗和多伦耕地土壤 pH 在 6.5～7.5 之间，其余旗（县、市）pH 均>7.5）。

根据土壤污染评价方法计算各样点的单因子污染指数和多因子综合污染指数，统计结果表明锡林郭勒盟各旗（县、市）土壤污染调查的 385 个样点，单因子污染指数都小于 1，最大值 0.45；多因子综合污染指数均小于 0.7，最大值为 0.341，评价结果为 1 级标准，属于清洁水平，符合《无公害食品 蔬菜 产地环境条件》（NY/5010—2001）和《绿色食品产地环境技术条件》（NY/T 391—2000）的土壤条件标准（表 4-11）。

表 4-11　土壤污染评价结果

序号	单因子污染指数 P_i						综合污染指数		
	镉	铅	铬	砷	汞	铜	P_i 平均	P_{max}	$P_{综合}$
牧区 7 旗县	0.23	0.13	0.14	0.39	0.04	0.01	0.16	0.39	0.30
正蓝旗	0.16	0.11	0.10	0.35	0.06	0.01	0.13	0.35	0.27
乌拉盖	0.27	0.15	0.13	0.45	0.03	0.02	0.17	0.45	0.34
正镶白旗	0.14	0.18	0.10	0.36	0.03	0.01	0.14	0.36	0.27
锡林浩特市	0.28	0.11	0.11	0.36	0.04	0.01	0.15	0.36	0.28
多伦县	0.21	0.12	0.10	0.31	0.06	0.01	0.13	0.31	0.24
太仆寺旗	0.19	0.19	0.13	0.38	0.07	0.01	0.16	0.38	0.29

第二节　耕地污染防治对策与建议

耕地资源可持续利用除了分区改良利用外，还应重视耕地污染防治、耕地质量监测等措施。锡林郭勒盟工矿企业相对少，“三废”排放量少，点源污染轻；农业生产化肥、农药的使用量相对较少，没有明显的面源污染。因而各类污染物综合评价均属于无污染清洁类，具有良好的发展绿色食品和无公害农产品所需求的产地环境条件。应利用这种良好的生态条件，重点发展有机、绿色和无公害农产品，把当地建成安全的农产品生产基地，提高农业生产附加值和农产品市场竞争力。在充分利用当前这种优势发展经济的同时，需更加注重耕地环境质量建设，防止耕地环境污染。

一、建立耕地环境质量监测体系

在工矿企业周围有可能造成点源污染的地区，农用化学物质使用量较大的地区建立长期定位监测点，定期采集样品，监测污染状况，发现问题及时解决，并提出控制和消除污染的措施。对于接纳工矿企业和城市生活污水的河流要进行定期水质监测，特别是用于农田灌溉前要加大监测力度，以防农田受到污染。

二、加强宣传和执法力度

加大《中华人民共和国环境保护法》的宣传力度，提高全民环保意识。农业、环保、工商部门要密切配合，组成强有力的执法队伍，坚决打击制售禁用农药和其他有毒有害农业投入品的行为。

三、控制“三废”排放

工业“三废”是造成耕地污染的主要来源，严格控制“三废”的排放，才能从根本上防止耕地污染，工业生产上必须排放的“三废”，必须进行净化处理，达到国家规定的排放标准。对于重金属污染物，原则上不允许排放。

四、加强化肥农药和农膜使用管理

针对化肥、农药和农膜对耕地的污染，在防治上必须从资源综合管理和有效利用上出发，实现资源的合理配置，提高化肥、农药利用率，减少资源浪费和环境污染。一要对化肥、农药的生产、分配、销售和使用方面制定相应的政策法规，进行严格的质量控制与管理，对农用化学物质的使用量、使用范围逐步规范。二要引进和开发化肥、农药和农膜的新品种。在农药方面加强高效低毒农药新品种和生物农药的引进、开发和应用；在肥料方面推广缓控释肥、作物专用肥，并积极推广施用有机肥；在农膜使用方面开发使用厚地膜，利于回收，开发使用可降解膜，减轻环境污染。三要大力推广测土配方施肥和病虫草害综合防治等技术，提高化肥和农药利用率，减少化肥和农药对环境的污染。

第五章　耕地土壤改良与利用

锡林郭勒盟现有耕地 241 901.84 hm^2，共分 6 个地力等级。根据本次耕地地力调查评价结果，制定切实可行的耕地土壤改良利用方案，是推进农业结构调整，提高土地资源利用效率，降低农业生产成本，实现农业可持续发展的需要。

第一节　高中低产田概述

高产田是指没有明显的土壤障碍因素、水肥气热环境协调、农田基础设施配套完善、在当地典型种植制度和管理水平下主导粮食作物产量能够持续稳定在较高水平的耕地。

低产田是指存在明显的土壤障碍因素、土壤肥力水平低、农田基础设施差、经营管理粗放、主导粮食作物产量显著低于当地平均水平的耕地。中产田是指产量介于高产田和低产田之间的耕地。

高中低产田按《全国各耕地类型区高中低产田粮食亩产指标》（表 5-1）划分。产量指标为当地典型种植制度下水稻、小麦、玉米等主导粮食作物前 3 年正常年份的周年平均产量。除薯类作物按 5∶1 的比例进行折算外，其他粮食作物直接累加，非粮食作物按邻近地块的参照粮食作物产量折算。

表 5-1　全国各耕地类型区高中低产田粮食亩产指标

（单位：kg/年）

类型区	参照粮食作物	高产田	中产田	低产田	涉及省份
东北平原区	玉米或水稻	＞600	400～600	＜400	黑龙江、吉林、辽宁、内蒙古
华北平原区	玉米和小麦	＞800	500～800	＜500	北京、天津、河北、河南、山东、江苏、安徽
北方山地丘陵区	玉米和小麦	＞600	300～600	＜300	辽宁、内蒙古、山东、山西、河北、河南、北京、天津
黄土高原区	玉米或小麦	＞500	300～500	＜300	陕西、甘肃、宁夏、内蒙古、青海、山西
内陆区	玉米或小麦或水稻	＞600	300～600	＜300	甘肃、宁夏、内蒙古、新疆、青海、西藏
南方稻田区	水稻和小麦	＞850	550～850	＜550	湖北、湖南、江苏、江西、广东、广西、云南、贵州、重庆、四川、海南、福建、浙江、安徽、上海
南方山地丘陵区	玉米和小麦	＞800	500～800	＜500	湖北、湖南、江西、广东、广西、云南、贵州、重庆、四川、海南、福建、浙江、安徽

第二节　高标准农田建设

一、高产田面积与分布

根据《全国各耕地类型区高中低产田粮食亩产指标》，本次评价的一、二级地为高产田，面积 78 896.14hm²，占全盟耕地面积的 32.61%。主要分布在太仆寺旗、多伦县、东乌珠穆沁旗（含乌拉盖管理区）、正蓝旗和锡林浩特市。其成土母质主要为冲洪积物、黄土状物和河湖相沉积物。该区域耕地地势较平坦、土层深厚、耕性良好、养分含量属中上等，基本没有障碍因素，水肥气热协调，灌溉条件良好，是锡林郭勒盟主要高产耕地。可通过农田基本建设，实现田、林、路综合配套，合理利用水资源，发展高效节水灌溉，逐步建成高产基本农田。

二、高标准农田建设措施

高标准农田建设的工程措施主要包括：土地平整、土壤改良与培肥、田间灌溉、田间道路修建、农田防护林建设、农田输配电配套等。

（一）土地平整

包括田块调整与田面平整。田块调整，是将零星闲散耕地资源进行有效整合，尽可能满足精耕细作、灌溉及排水的技术要求，以实现标准化种植、规模化经营和机械化生产。

（二）土壤培肥

科学应用氮、磷、钾肥和中微量元素肥料，推广测土配方施肥技术。增施有机肥、推广秸秆还田、绿肥翻压还田等，实现耕地土壤有机质提升。有机肥包括农家肥和商品有机肥。农家肥按 22 500～30 000kg/hm² 标准施用，商品有机肥按 3 000～4 500kg/hm² 标准施用。土壤有机质提升措施至少应连续实施 3 年以上，每年作物秸秆还田量不小于4 500 kg/ hm²（干重）。推广种植绿肥。

大力推广应用测土配方施肥技术，根据土壤养分状况和作物需肥规律确定各种肥料施用量，实现精准施肥。每年对耕地质量状况进行监测，不断调整优化施肥配方。

（三）田间灌溉

水资源利用以地表水为主，地下水为辅，因地制宜选择灌溉方式。根据不同作物及灌溉需求进行灌溉，发展以滴灌为主的节水灌溉模式。水源工程质量保证不少于 20 年。井灌工程的井、泵、动力、输变电设备和井房等配套率应达到 100%。灌溉水源应符合国家标准，禁止用未经处理的污水进行灌溉。修建田间灌排渠道时，要结合田块、林带、道路的配置综合考虑，做到田块规整，便于耕作和灌排。

（四）修建田间道路

田间道路包括机耕路和生产路。机耕路的建设应满足当地机械化作业通行的需要，采用砂石路面或混凝土路面。山地丘陵区机耕干道为 4～6m，满足农业机械双向通行的要求；机耕支道为 2～3m，满足农业机械单向通行的要求，并设置错车点和末端掉头点。生产路主要用于生产人员及人畜力车辆、小微型农业机械通行，采用砂石路，路面宽度 1～3m。在山地丘陵区按梳式结构，在机耕道一侧或两侧设置多条生产路。

（五）农田防护林建设

农田防护林可改善农田小气候，保证农作物丰产、稳产。主防护林带建设应垂直于当地主风方向，沿田块长边布设；副林带垂直于主防护林带，沿田块短边布设，且选择最适合当地土壤气候和成林快的树种。

第三节　中低产田改良与利用

一、面积与分布

本次地力评价的三至六级耕地为中低产田，面积 163 005hm^2，占耕地面积的67.39%，各旗（县、市）均有分布。中低产田主要分布在残坡积母质及风积沙母质上，有效土层薄，土壤养分含量低，有水土流失现象，而且易漏水漏肥，灌溉能力差，农田基础设施较差，缺乏合理轮作措施。锡林郭勒盟中低产田的主要类型包括干旱灌溉型、瘠薄培肥型、沙化耕地型、盐碱耕地型、障碍层次型 5 个类型，其中干旱灌溉型、瘠薄培肥型是当地中低产田的主要类型，也是中低产田改造的重点。

二、改良利用措施

（一）干旱灌溉型耕地

锡林郭勒盟“十年九旱”，水资源是当地农业发展的“瓶颈”，应大力推广种植抗旱作物品种，应用抗旱技术，推进高效节水灌溉，提高灌溉能力，因地制宜地推广喷灌、滴灌、微喷灌等节水灌溉技术，提高水资源利用率。该类型耕地的主要障碍因素是土壤干旱，灌溉设施不完善，同时又具备水资源开发条件，可以通过发展灌溉加以改造，将旱地发展为水浇地。

1. 抓好抗旱水源工程建设

加强农田基本建设，推进高效节水工程建设，合理开发水资源，满足作物关键时期的灌溉需水要求，保证作物稳产。充分利用地表水，修建蓄水、引水工程，合理开发地下水。尽量蓄积天上水，修建集雨工程。积极推进抗旱水源工程建设，扩大水浇地面积。同时解决好工程配套措施，保证水源工程及时发挥灌溉效益。修建蓄水池，为抗旱灌溉和抗旱坐水种做好准备。加强现有灌溉工程的配套改造，提高供水能力，充分发挥水资源的利用率。田间地块平整尽可能满足精耕细作、灌溉与排水的技术要求。

2. 大力推广水肥一体化技术

一是针对不同区域水资源状况，统筹规划，因水布局，量水生产，适水种植，不断优化种植结构，扩大低耗水作物种植面积，优化品种结构，因地制宜推广抗旱品种，调减高耗水品种种植面积。二是大力推广马铃薯等作物滴灌水肥一体化节水灌溉技术，增加滴灌节水面积。建设农田土壤墒情监测站点，实时监测土壤墒情变化，实现测墒灌溉。三是改进耕作栽培制度，有效提高旱作农业抗灾减灾能力和抵御自然风险的能力。四是通过增施有机肥、深耕深松、秸秆还田等措施，提高土壤蓄水保墒能力和水肥资源利用效率。建立起适宜不同区域和不同作物的节水灌溉制度和水肥高效利用种植模式。

（二）瘠薄型耕地

瘠薄型耕地的主要障碍因素是土层较薄，耕地土壤养分含量低，土壤结构不良，有一种或多种养分缺乏，需要通过长期培肥逐步加以改良。对于瘠薄型中低产田改造的主要措施是在加强农田基本建设的基础上，通过增施有机肥、秸秆还田、种植绿肥等措施，提高土壤肥力和生产性能。

1. 增施有机肥，提升土壤有机质

要充分利用当地有机肥资源丰富的优势，鼓励农民堆沤增施有机肥。有机肥包括农家肥和商品有机肥，农家肥每亩按 1 000～1 500kg 标准施用，商品有机肥每亩按 200～300kg 标准施用。每年每亩作物秸秆还田量不小于 300kg（干重）。土壤有机质提升措施至少应连续实施 3 年以上。有条件的地方要大力开发和利用沼渣沼液。

应通过多种形式、多种途径开发有机肥源，增加耕地有机肥投入。加强有机肥的工厂化生产，开发利用畜、禽粪便生产商品有机肥。

2. 推广应用测土配方施肥技术，实现精准施肥

根据土壤养分状况确定各种作物施肥量、施肥时期和施用方法，不断调整优化施肥配方，实现精准施肥，提高土壤肥力。有针对性的施用锌、硼、钼等中微量元素肥料，示范推广水溶肥、缓控释肥料，不断优化施肥结构，提高化肥利用率，减少环境污染，提高农产品质量和抗性。

3. 推广先进耕作技术，改进施肥方式

推广深松浅翻技术。利用深松铲深松底土，浅翻表土，使土层上下不乱，地表植被不被破坏。松土深度 25～40cm，松土宽度单体 30～40cm，松后土壤的渗水率提高 5～10 倍，不出现地表积水或径流，起到蓄水保墒作用。通过深耕加厚土壤耕作层，改善土壤结构，加速生土熟化，提高地力。大力推广适用施肥机械，改表施、撒施为机械深施、叶面喷施等，结合深耕深松，逐步创建深厚、肥沃、安全的耕层土壤，提高耕地质量。

4. 推广秸秆还田和绿肥种植

将秸秆粉碎翻入土中，腐熟后可增加土壤有机质含量，促进团粒结构形成，改善土壤理化性状。乌拉盖管理区、太仆寺旗、多伦县等小麦、油菜种植区，重点推广小麦、油菜作物的机械收获留高茬免耕技术，提高秸秆还田率，逐步培肥土壤，提升耕地地力。因地制宜推广休闲轮作，扩大绿肥种植面积。乌拉盖、锡林浩特市等国有农牧场要推广绿肥轮闲压青，逐步培肥土壤。

（三）坡耕地

2°～6°的坡耕地采用定向深翻，深翻后平整地面。一方面可逐步加深耕作层，提高土壤蓄水保肥能力；另一方面逐步平整土地，减少地表径流，防止水土流失。对于 6°～15°的坡耕地应修建坡式梯田，以拦蓄地表径流。对于有灌溉条件和搞抗旱坐水种条件的坡耕地，要搞好水平梯田建设，做到水源工程建设和梯田建设相配套，整体推进。对现有梯田由于水毁和标准不高的进行全面维修，充分发挥水平梯田蓄水保土和增产增收的作用。

（四）沙化耕地型

种树种草，防风固沙，改善生态环境，减轻风蚀对耕地的破坏。增施有机肥和推广秸秆还田，改善土壤结构。有条件的地区开展免耕播种。

第四节　耕地资源可持续利用对策与建议

一、制定耕地土壤改良规划

从实际出发，加大农田基本建设的投入力度，按照当前与长远相结合的原则，因地制宜，抓好中低产田改造，并要通过耕地地力评价，制定切实可行的耕地地力建设与土壤改良的中长期规划和短期计划。

二、提高农民保护耕地意识

随着传统农业向集约型农业加速转变，为了更合理、更有效地利用现有耕地，保证农民增产增收，应加大对农民的培训力度。耕地的保护和提升要达到效果，必须从提高农民意识做起，只有农民改变原有的用地观念，能够主动地、科学地养地，才能使耕地向着可持续利用的方向发展。

三、加强农田基础设施建设

建设现代化、集约化、机械化、智能化的新兴农业，抓好田间整地，建设农田道路，提高机械化操作能力，建设高标准基本农田，完善田间配套设施，实行林、田、路综合治理，提高农田基础设施水平。

四、增施有机肥，改善土壤理化性状

耕地随着规模化、集约化程度的不断提高，要实现机械施用有机肥，同时采取秸秆还田、种植绿肥等措施，改善土壤理化性状。实行合理的轮作制度，有条件的地区实行轮闲压青制度，做到耕地用养结合。

五、合理施肥，平衡土壤养分

加大测土配方施肥技术的推广力度，确定作物最佳肥料配比，采取测土—配方—配肥—供肥—施肥指导一条龙服务，将配方施肥技术普及到广大农民中去，让作物吃上营养餐、健康餐，使土壤更安全。

六、加强耕地质量动态监测

定期开展耕地调查，把耕地地力与质量变化情况作为各级领导的考核指标，严格耕地质量管理，明确责任，措施到位。耕地环境质量评价表明，锡林郭勒盟耕地质量较好，没有受到污染。今后耕地质量管理的基本原则是要建章立制，保持当前良好的环境，限制具有污染性的工矿企业发展，规范农药、化肥和农膜使用技术。同时，在摸清耕地质量和地力的同时，建立耕地地力与质量监测管理档案和土壤改良、培肥奖罚制度。在全盟不同地区、不同地力等级、不同土壤类型的耕地上建立长期定位监测点，掌握耕地地力与质量动态变化，建立健全耕地质量监测和预警预报系统。对耕地地力、墒情和环境状况进行监测和评价，对耕地地力进行动态监测，分析整理和更新耕地地力基础数据，为耕地质量管理提供准确依据。

第五节　调整种植结构实现耕地资源合理配置

近年来，通过政府引导，在群众自愿的前提下，土地经营向涉农企业、专业合作社、

种田能手和大户等新型经营主体流转，实施统一的规模化经营，提高了土地资源利用率，建成了一部分专用生产基地和特色农业生产园区，同时进行了大面积的无公害产品认证，耕地资源的合理配置起到了积极作用。

目前种植业结构还存在一定问题，主要表现在三个方面：一是粮、经 、其他作物结构不合理；二是设施农业发展滞后；三是农业产业化水平相对较低。因此要充分利用本次耕地地力调查结果和区域优势，加大调整力度，实现耕地资源的优化配置。从两个方面调整，一是利用区域优势稳定主要作物的种植面积和产量，加强经济作物和饲草料基地建设，依据当地有利条件，充分发展农村畜牧业，提高牧业收入的比重；二是利用龙头企业，推进马铃薯、蔬菜、药材、饲草料等作物的规模化、产业化生产水平，发展名、优、新、特农产品，推进产业化经营，实现从传统农业向现代农业转变。

耕地质量管理是一项长期的、综合性的系统工作，既要有技术措施，又要有政策、法律、法规作保障。通过本次耕地地力调查与质量评价工作，建立了耕地资源管理信息系统，应在此基础上，加强耕地土壤肥力和耕地土壤环境质量的长期定位监测工作，监测数据用于进一步完善和更新管理系统，实现耕地资源的动态管理。规范耕地用养制度，做到依法管理，确保耕地地力的建设和保护，逐步提高耕地质量。在资金方面，应建立耕地保养管理专项资金，加大政府对耕地质量建设的支持力度。各级农业行政主管部门要经常开展耕地保护的宣传工作，形成全民共识，全面提高耕地质量。

附　　录

附表一　全盟耕地土壤大量元素养分含量

旗县	乡镇	有机质 (g/kg)	全氮 (g/kg)	碱解氮 (mg/kg)	全磷 (g/kg)	有效磷 (mg/kg)	全钾 (g/kg)	缓效钾 (mg/kg)	速效钾 (mg/kg)	pH
东乌珠穆沁旗	全旗平均	51.45	2.560	185.3	0.422	16.6	26.5	573	172	7.2
	道特淖尔镇	32.98	1.847	135.1	0.423	18.7	27.7	631	203	6.9
	嘎海乐苏木	49.35	2.533	191.5	0.472	16.1	24.0	597	198	8.3
	呼热图淖尔苏木	46.53	2.596	188.8	0.400	16.8	24.1	560	199	7.4
	满都胡宝拉格镇	56.65	2.936	209.5	0.379	17.5	28.3	546	215	6.8
	乌拉盖管理区	47.30	2.565	184.8	0.432	16.5	26.4	579	136	7.4
	乌里雅斯太镇	38.71	2.305	125.5	0.496	15.8	22.1	601	177	7.9
多伦县	全县平均	25.80	1.350	85.9	0.312	10.4	24.5	433	126	7.6
	蔡木山乡	22.75	1.167	83.0	0.276	8.9	24.6	389	122	7.3
	大北沟镇	28.97	1.510	101.1	0.351	8.2	24.1	508	128	7.7
	大河口乡	22.37	1.147	70.9	0.290	10.2	24.3	396	115	7.5
	淖尔镇	24.31	1.314	84.5	0.317	15.0	25.3	411	124	7.9
二连浩特市	全市平均	10.83	0.550	43.1	0.342	12.4	27.2	550	144	8.5
	格日勒敖都苏木	10.83	0.545	43.1	0.342	12.4	27.2	550	144	8.5
苏尼特右旗	全旗平均	15.11	0.930	54.2	0.454	9.8	25.6	570	148	8.4
	朱日和镇	15.11	0.930	54.2	0.454	9.8	25.6	570	148	8.4
苏尼特左旗	全旗平均	15.38	0.980	45.2	0.454	8.6	25.2	507	156	8.3
	恩格尔河灌区	15.38	0.980	45.2	0.454	8.6	25.2	507	156	8.3

（续）

旗县	乡镇	有机质 (g/kg)	全氮 (g/kg)	碱解氮 (mg/kg)	全磷 (g/kg)	有效磷 (mg/kg)	全钾 (g/kg)	缓效钾 (mg/kg)	速效钾 (mg/kg)	pH
太仆寺旗	全旗平均	27.88	1.530	101.3	0.433	11.7	21.5	659	137	8.0
	宝昌镇	30.86	1.642	109.4	0.534	18.9	20.9	680	144	7.9
	贡宝拉嘎苏木	24.47	1.313	94.5	0.382	9.8	22.2	596	115	8.0
	红旗镇	23.96	1.329	103.1	0.414	8.9	22.4	672	151	8.0
	骆驼山镇	26.25	1.430	92.6	0.379	7.0	20.2	643	141	8.0
	千斤沟镇	30.90	1.629	111.6	0.439	11.5	21.2	659	135	7.9
	幸福乡	20.27	1.058	68.3	0.385	9.0	22.6	613	102	8.0
西乌珠穆沁旗	全旗平均	22.31	1.340	113.4	0.436	11.9	27.6	504	120	7.9
	巴拉嘎尔高勒镇	22.31	1.340	113.4	0.436	11.9	27.6	504	120	7.9
锡林浩特市	全市平均	25.10	1.396	112.5	0.329	10.8	23.8	521	177	8.0
	阿尔善宝力格镇	17.77	1.004	98.6	0.228	7.8	24.3	462	195	8.0
	白音锡勒牧场	23.76	1.321	104.6	0.313	8.3	23.5	527	165	7.7
	白银库伦牧场	33.38	1.731	140.3	0.435	7.8	22.8	539	177	7.6
	宝力根苏木	23.30	1.270	98.8	0.288	13.7	25.5	511	221	8.3
	贝力克牧场	25.20	1.410	110.5	0.353	9.0	24.2	532	173	8.0
	朝克乌拉苏木	20.43	1.254	161.4	0.381	6.9	24.6	531	151	8.5
	毛登牧场	22.19	1.276	116.9	0.389	7.1	24.6	576	226	8.4
	奶牛场	26.60	1.375	105.0	0.298	21.7	25.2	466	198	8.4
	锡林浩特市区	36.08	2.397	171.2	0.403	14.2	25.4	455	200	7.8

（续）

旗县	乡镇	有机质（g/kg）	全氮（g/kg）	碱解氮（mg/kg）	全磷（g/kg）	有效磷（mg/kg）	全钾（g/kg）	缓效钾（mg/kg）	速效钾（mg/kg）	pH
镶黄旗	全旗平均	21.52	1.228	81.7	0.430	8.2	26.4	568	169	7.9
	巴彦塔拉镇	20.54	1.159	78.1	0.410	8.1	26.9	558	176	7.9
	宝格达音高勒苏木	22.74	1.318	86.3	0.455	8.3	25.8	580	160	7.9
正蓝旗	全旗平均	23.90	1.320	91.2	0.315	9.6	22.9	504	147	7.8
	宝绍岱苏木	20.45	1.073	84.6	0.340	7.9	24.0	564	177	7.7
	哈毕日嘎镇	22.13	1.207	83.7	0.329	8.1	23.1	570	168	8.0
	黑城子示范区	35.01	1.816	116.4	0.390	8.0	23.8	516	150	7.8
	那日图苏木	18.80	1.075	93.0	0.334	8.0	24.0	518	135	7.7
	赛音呼都嘎苏木	17.40	0.829	65.6	0.192	11.3	23.4	307	99	7.8
	桑根达来镇	21.00	1.207	95.1	0.336	7.2	23.8	532	145	7.8
	上都镇	22.04	1.251	97.3	0.313	10.8	22.2	481	140	7.6
	五一种畜场总场	20.05	1.057	79.7	0.249	12.0	23.5	417	115	7.6
	扎格斯台苏木	21.30	1.221	103.6	0.296	6.3	24.2	611	170	7.2
正镶白旗	全旗平均	18.41	1.130	76.4	0.392	9.1	26.5	515	176	8.0
	明安图镇	19.84	1.173	76.8	0.390	8.6	26.3	518	175	7.9
	星耀镇	17.19	1.060	76.2	0.393	9.3	26.6	514	176	8.0
	全盟平均	27.07	1.480	97.0	0.363	11.5	24.0	520	147	7.9

附表二　全盟耕地土壤中微量养分含量

旗县	乡镇	阳离子交换量［cmol（+）/kg］	有效硫（mg/kg）	有效硅（mg/kg）	有效锌（mg/kg）	有效锰（mg/kg）	有效铁（mg/kg）	有效铜（mg/kg）	有效硼（mg/kg）	有效钼（mg/kg）
东乌珠穆沁旗	全旗平均	21.25	16.3	180	0.57	22.26	34.54	0.83	0.74	0.13
	道特淖尔镇	15.00	12.8	170	0.41	14.22	19.61	0.76	0.92	0.13
	嘎海乐苏木	21.64	13.9	196	0.74	23.41	52.17	1.10	0.64	0.13
	呼热图淖尔苏木	16.45	15.5	185	0.58	17.41	31.87	0.92	0.68	0.13
	满都胡宝拉格镇	13.90	19.7	156	0.51	13.34	17.47	0.64	0.85	0.13
	乌拉盖管理区	28.10	15.7	184	0.58	40.19	28.53	0.86	0.66	0.13
	乌里雅斯太镇	23.39	13.6	211	0.87	24.96	57.59	1.21	0.71	0.14
多伦县	全县平均	12.45	24.0	176	0.54	13.46	14.87	0.49	0.50	0.11
	蔡木山乡	11.31	26.1	171	0.42	12.13	14.73	0.42	0.48	0.12
	大北沟镇	13.96	21.0	221	0.53	15.64	13.18	0.51	0.50	0.11
	大河口乡	9.29	19.8	167	0.55	13.32	17.48	0.48	0.48	0.11
	淖尔镇	9.68	50.1	167	0.70	11.45	14.21	0.56	0.57	0.11
二连浩特市	全市平均	10.29	21.5	168	0.36	9.80	4.90	0.50	0.84	0.12
	格日勒敖都苏木	12.63	21.5	168	0.36	9.80	4.90	0.50	0.84	0.12
苏尼特右旗	全旗平均	9.55	14.9	190	0.52	8.40	5.13	0.78	0.47	0.13
	朱日和镇	9.55	14.9	190	0.52	8.40	5.13	0.78	0.47	0.13

（续）

旗县	乡镇	阳离子交换量［cmol（+）/kg］	有效硫（mg/kg）	有效硅（mg/kg）	有效锌（mg/kg）	有效锰（mg/kg）	有效铁（mg/kg）	有效铜（mg/kg）	有效硼（mg/kg）	有效钼（mg/kg）
苏尼特左旗	全旗平均	7.77	11.2	176	0.49	9.60	6.60	0.75	0.61	0.13
	恩格尔河灌区	7.77	11.2	176	0.49	9.60	6.60	0.75	0.61	0.13
太仆寺旗	全旗平均	13.47	13.8	171	0.61	8.56	8.43	0.52	0.56	0.16
	宝昌镇	14.16	13.9	172	1.18	8.89	8.73	0.61	0.68	0.15
	贡宝拉嘎苏木	11.04	12.4	155	0.57	8.02	7.50	0.47	0.52	0.16
	红旗镇	12.71	12.9	167	0.58	8.15	7.29	0.52	0.54	0.16
	骆驼山镇	13.61	14.7	162	0.50	8.27	7.33	0.47	0.51	0.16
	千斤沟镇	15.67	14.9	194	0.62	9.45	8.89	0.53	0.59	0.16
	幸福乡	10.51	8.5	162	0.57	7.45	8.05	0.46	0.51	0.15
西乌珠穆沁旗	全旗平均	17.94	9.70	177	0.41	16.18	19.80	0.79	0.69	0.13
	巴拉嘎尔高勒镇	17.94	9.7	177	0.41	16.18	19.80	0.79	0.69	0.13
锡林浩特市	全市平均	13.81	24.4	163	0.69	15.91	12.58	0.47	0.56	0.08
	阿尔善宝力格镇	10.39	18.2	135	0.78	10.71	7.67	0.44	0.51	0.10
	白音锡勒牧场	13.85	25.3	164	0.61	17.32	12.84	0.47	0.50	0.08
	白银库伦牧场	13.50	23.7	160	0.71	17.35	22.50	0.45	0.71	0.07
	宝力根苏木	12.48	30.4	153	0.93	10.72	6.89	0.51	0.48	0.07
	贝力克牧场	14.40	26.9	159	0.72	15.34	11.53	0.49	0.53	0.08
	朝克乌拉苏木	14.43	38.3	185	0.71	11.30	8.01	0.69	0.79	0.07
	毛登牧场	15.74	36.3	172	0.79	13.56	8.45	0.60	0.71	0.08
	奶牛场	14.01	33.3	158	1.19	11.94	7.20	0.54	0.49	0.07
	锡林浩特市区	16.98	26.9	167	1.15	13.12	8.31	0.47	0.48	0.08

（续）

旗县	乡镇	阳离子交换量［cmol（+）/kg］	有效硫（mg/kg）	有效硅（mg/kg）	有效锌（mg/kg）	有效锰（mg/kg）	有效铁（mg/kg）	有效铜（mg/kg）	有效硼（mg/kg）	有效钼（mg/kg）
镶黄旗	全旗平均	11.73	7.7	180	0.44	9.30	7.78	0.67	0.56	0.13
	巴彦塔拉镇	10.14	6.1	174	0.37	7.67	7.67	0.60	0.51	0.13
	宝格达音高勒苏木	13.75	10.2	188	0.51	11.02	8.27	0.75	0.63	0.13
正蓝旗	全旗平均	12.43	19.6	185	0.70	12.58	11.45	0.51	0.46	0.09
	宝绍岱苏木	11.70	11.4	181	0.85	14.24	9.15	0.48	0.49	0.11
	哈毕日嘎镇	13.71	12.3	209	0.73	13.22	9.17	0.49	0.48	0.10
	黑城子示范区	12.04	26.6	156	0.61	12.94	12.83	0.57	0.53	0.09
	那日图苏木	13.35	12.6	182	1.00	17.29	12.88	0.47	0.47	0.11
	赛音呼都嘎苏木	9.21	16.0	116	0.62	7.66	16.51	0.35	0.44	0.09
	桑根达来镇	13.68	14.1	197	0.87	15.15	11.37	0.48	0.48	0.09
	上都镇	12.25	24.8	181	0.77	12.47	12.04	0.54	0.44	0.09
	五一种畜场总场	10.55	22.3	167	0.75	10.19	14.34	0.45	0.49	0.09
	扎格斯台苏木	10.14	8.9	171	0.66	19.83	12.18	0.59	0.59	0.12
正镶白旗	全旗平均	9.66	8.1	142	0.50	7.82	7.58	0.39	0.41	0.11
	明安图镇	10.39	8.2	145	0.52	7.88	7.63	0.40	0.41	0.11
	星耀镇	9.39	8.0	141	0.48	7.79	7.56	0.39	0.41	0.12
	全盟平均	13.80	15.6	176	0.52	13.1	13.6	0.55	0.59	0.12

附表三　全盟各乡镇（苏木）土壤类型面积统计

旗县	乡名称	土类	亚类	面积（hm^2）
东乌珠穆沁旗	嘎海乐苏木	黑钙土	淡黑钙土	90.50
		栗钙土	草甸栗钙土	0.03
	哈拉盖图牧场	草甸土	草甸土	1 638.02
		黑钙土	草甸黑钙土	588.93
			淡黑钙土	5 663.50
			黑钙土	10 826.05
			黑钙土汇总	17 078.48
		灰色森林土	灰色森林土	2 815.89
		栗钙土	草甸栗钙土	189.19
		沼泽土	草甸沼泽土	141.44
			泥炭沼泽土	565.70
			沼泽土汇总	707.14
	贺斯格乌拉牧场	草甸土	草甸土	168.20
			石灰性草甸土	185.45
			草甸土汇总	353.65
		黑钙土	草甸黑钙土	826.26
			淡黑钙土	4 332.47
			黑钙土	632.49
			黑钙土汇总	5 791.22
		灰色森林土	灰色森林土	0.20
		栗钙土	暗栗钙土	13.88
		沼泽土	腐泥沼泽土	92.10
			泥炭沼泽土	438.11
			沼泽土汇总	530.21
	呼热图淖尔苏木	黑钙土	草甸黑钙土	934.96
			淡黑钙土	715.79
			黑钙土	1 139.64
			黑钙土汇总	2 790.40
		沼泽土	草甸沼泽土	1 076.27
	满都胡宝拉格镇	黑钙土	草甸黑钙土	328.82
			淡黑钙土	231.01
			黑钙土	1 818.84
			黑钙土汇总	2 378.67

（续）

旗县	乡名称	土类	亚类	面积（hm²）
东乌珠穆沁旗	满都胡宝拉格镇	灰色森林土	暗灰色森林土	332.53
			灰色森林土	188.52
			灰色森林土汇总	521.05
		山地草甸土	山地草甸土	0.59
		沼泽土	腐泥沼泽土	179.50
			泥炭沼泽土	1 316.05
			沼泽土汇总	1 495.55
	乌拉盖牧场	草甸土	石灰性草甸土	144.14
		黑钙土	淡黑钙土	3.75
		栗钙土	暗栗钙土	0.09
			草甸栗钙土	0.07
			栗钙土汇总	0.16
	乌里雅斯太镇	灰色草甸土	石灰性灰色草甸土	0.28
		栗钙土	暗栗钙土	0.58
			栗钙土	0.09
			栗钙土汇总	0.67
	东乌珠穆沁旗　汇总		37 618.43	
多伦县	蔡木山乡	草甸土	暗色草甸土	1 093.93
			灰色草甸土	626.18
			草甸土 汇总	1 720.11
		风沙土	风沙土	513.94
		栗钙土	暗栗钙土	9 114.91
			草甸栗钙土	1 827.84
			栗钙土汇总	10 942.75
		沼泽土	草甸沼泽土	839.27
			泥炭沼泽土	40.81
			沼泽土汇总	880.08
	大北沟镇	草甸土	暗色草甸土	141.07
			灰色草甸土	232.98
			盐化草甸土	44.92
			草甸土汇总	418.97
		风沙土	风沙土	523.33
		黑钙土	黑钙土	558.39
			碳酸盐黑钙土	946.94
			黑钙土汇总	1 505.33

（续）

旗县	乡名称	土类	亚类	面积（hm²）
多伦县	大北沟镇	灰色森林土	灰结晶岩灰色森林土	484.73
		栗钙土	暗栗钙土	9 469.31
			草甸栗钙土	162.52
			栗钙土汇总	9 631.83
	大河口乡	草甸土	暗色草甸土	315.50
			灰色草甸土	666.98
			盐化草甸土	122.37
			草甸土汇总	1 104.85
		风沙土	风沙土	326.41
		灰色森林土	结晶岩灰色森林土	37.64
		栗钙土	暗栗钙土	6 947.16
			草甸栗钙土	471.07
			栗钙土汇总	7 418.23
		沼泽土	草甸沼泽土	211.60
	淖尔镇	草甸土	暗色草甸土	51.85
			灰色草甸土	631.99
			盐化草甸土	254.01
			草甸土汇总	937.85
		风沙土	风沙土	432.05
		灰色森林土	结晶岩灰色森林土	442.42
		栗钙土	暗栗钙土	3 497.66
			草甸栗钙土	713.01
			栗钙土汇总	4 210.67
		沼泽土	草甸沼泽土	958.00
	西干沟乡	草甸土	灰色草甸土	470.13
			盐化草甸土	51.33
			草甸土汇总	521.46

（续）

旗县	乡名称	土类	亚类	面积（hm²）
多伦县	西干沟乡	风沙土	风沙土	1 939.18
		黑钙土	碳酸盐黑钙土	600.65
		灰色森林土	结晶岩灰色森林土	139.37
		栗钙土	暗栗钙土	5 603.47
			草甸栗钙土	304.86
			栗钙土汇总	5 908.33
		沼泽土	草甸沼泽土	76.73
	多伦县　汇总		51 885.82	
二连浩特市	格日勒敖都苏木	潮土	潮土	60.23
			盐化潮土	20.50
			潮土汇总	80.73
		棕钙土	棕钙土	0.72
苏尼特右旗	朱日和镇	栗钙土	暗栗钙土	22.06
			粗骨栗钙土	13.48
			淡栗钙土	353.33
			栗钙土	1 465.25
			栗钙土汇总	1 854.12
	苏尼特右旗　汇总		1 854.12	
苏尼特左旗	恩格尔河灌区	灰色草甸土	石灰性灰色草甸土	63.63
			盐化灰色草甸土	359.36
			灰色草甸土汇总	423.09
	苏尼特左旗　汇总		423.09	
太仆寺旗	宝昌镇	草甸土	灰色草甸土	252.83
			碱化草甸土	121.36
			盐化草甸土	987.85
			草甸土汇总	1 362.04
		黑钙土	碳酸盐黑钙土	298.70
		栗钙土	暗栗钙土	9 698.62
			草甸栗钙土	40.87
			粗骨栗钙土	601.83
			栗钙土汇总	10 341.32

（续）

旗县	乡名称	土类	亚类	面积（hm^2）
太仆寺旗	贡宝拉格苏木	栗钙土	暗栗钙土	15.22
			草甸栗钙土	1.57
			栗钙土汇总	16.79
	红旗镇	草甸土	暗色草甸土	186.64
			灰色草甸土	452.15
			碱化草甸土	409.40
			盐化草甸土	919.99
			草甸土汇总	1 968.18
		黑钙土	碳酸盐黑钙土	103.91
		栗钙土	暗栗钙土	15 476.57
			草甸栗钙土	835.51
			粗骨栗钙土	3 304.02
			栗钙土	3 452.27
			栗钙土汇总	23 068.37
	骆驼山镇	草甸土	灰色草甸土	109.64
			盐化草甸土	412.57
			草甸土汇总	522.21
		黑钙土	淋溶黑钙土	390.69
			碳酸盐黑钙土	1 089.44
			黑钙土汇总	1 480.13
		栗钙土	暗栗钙土	10 463.48
			草甸栗钙土	680.28
			粗骨栗钙土	1 612.16
			栗钙土	769.37
			栗钙土汇总	13 525.29
	千斤沟镇	草甸土	灰色草甸土	819.41
			水系	13.48
			盐化草甸土	1 032.03
			草甸土汇总	1 864.92
		黑钙土	淋溶黑钙土	424.11
			碳酸盐黑钙土	606.24
			黑钙土汇总	1 030.35
		栗钙土	暗栗钙土	16 484.95
			草甸栗钙土	406.80
			粗骨栗钙土	4 792.77
			栗钙土汇总	21 684.52

（续）

旗县	乡名称	土类	亚类	面积（hm^2）
太仆寺旗	幸福乡	草甸土	灰色草甸土	226.62
			盐化草甸土	852.51
			草甸土汇总	1 079.13
		栗钙土	暗栗钙土	6 314.61
			草甸栗钙土	2.11
			粗骨栗钙土	120.70
			盐化草甸土	4.10
			栗钙土汇总	6 441.52
	永丰镇	草甸土	灰色草甸土	559.49
			盐化草甸土	625.04
			草甸土汇总	1 184.53
		黑钙土	淋溶黑钙土	91.21
			碳酸盐黑钙土	1 558.78
			黑钙土汇总	1 649.99
		栗钙土	暗栗钙土	5 171.91
			草甸栗钙土	59.64
			粗骨栗钙土	692.28
			栗钙土	721.51
			栗钙土汇总	6 645.34
	太仆寺旗　汇总		94 263.18	
西乌珠穆沁旗	巴拉嘎尔高勒镇	灰色草甸土	灰色草甸土	0.08
		栗钙土	暗栗钙土	186.58
	西乌珠穆沁旗　汇总		187.09	
锡林浩特市	阿尔善宝力格镇	栗钙土	暗栗钙土	85.73
			草甸栗钙土	85.92
			栗钙土汇总	173.00
	白音锡勒牧场	草甸土	暗色草甸土	109.99
			灰色草甸土	621.46
			盐化草甸土	438.07
			草甸土汇总	1 169.52
		风沙土	固定风沙土	197.07
		黑钙土	碳酸盐淡黑钙土	95.25
		栗钙土	暗栗钙土	7 958.37
			草甸栗钙土	849.78
			粗骨性栗钙土	24.02
			栗钙土汇总	8 832.16

（续）

旗县	乡名称	土类	亚类	面积（hm^2）
锡林浩特市	白银库伦牧场	风沙土	固定风沙土	9.69
		黑钙土	粗骨性淡黑钙土	19.43
			碳酸盐淡黑钙土	1 432.52
			黑钙土汇总	1 451.95
		栗钙土	暗栗钙土	1 774.63
			粗骨性栗钙土	19.71
			栗钙土汇总	1 794.33
	宝力根苏木	风沙土	固定风沙土	77.19
		栗钙土	暗栗钙土	212.20
			草甸栗钙土	210.90
			栗钙土汇总	423.10
		沼泽土	草甸沼泽土	33.77
	贝力克牧场	黑钙土	碳酸盐淡黑钙土	0.01
	朝克乌拉苏木	栗钙土	暗栗钙土	221.91
	毛登牧场	草甸土	暗色草甸土	67.29
		栗钙土	暗栗钙土	788.53
			草甸栗钙土	64.65
			粗骨性栗钙土	5.11
			栗钙土汇总	858.29
	奶牛场	栗钙土	暗栗钙土	966.02
			草甸栗钙土	62.93
			栗钙土汇总	1 028.95
		沼泽土	草甸沼泽土	0.03
	锡林浩特市市区	草甸土	灰色草甸土	75.81
		栗钙土	暗栗钙土	503.05
			草甸栗钙土	0.96
			栗钙土汇总	504.02
	锡林浩特市　汇总		17 013.63	
镶黄旗	巴彦塔拉镇	栗钙土	潮栗钙土	0.01
			栗钙土	849.83
			栗钙土汇总	849.85
	宝格达音高勒苏木	潮土	盐化潮土	0.44
		栗钙土	暗栗钙土	56.74
			淡栗钙土	33.13
			栗钙土	226.51
			栗钙土汇总	316.38

（续）

旗县	乡名称	土类	亚类	面积（hm²）
镶黄旗	镶黄旗　汇总		1 168.88	
正蓝旗	包绍岱苏木	草甸土	盐化草甸土	3.43
		栗钙土	暗栗钙土	682.79
			草甸栗钙土	32.70
			栗钙土汇总	715.49
	哈毕日嘎镇	草甸土	盐化草甸土	36.91
		栗钙土	暗栗钙土	7 546.78
			草甸栗钙土	302.47
			栗钙土	23.16
			栗钙土汇总	7 872.41
	黑城子示范区	草甸土	盐化草甸土	2 068.17
		栗钙土	暗栗钙土	456.93
			草甸栗钙土	242.22
			栗钙土汇总	699.15
	那日图苏木	草甸土	盐化草甸土	15.79
		栗钙土	暗栗钙土	10.76
			草甸栗钙土	15.14
			栗钙土汇总	25.90
	赛音胡达嘎苏木	栗钙土	暗栗钙土	320.10
	桑根达来镇	草甸土	盐化草甸土	27.42
		栗钙土	暗栗钙土	232.40
			草甸栗钙土	172.48
			栗钙土汇总	404.88
	上都镇	草甸土	盐化草甸土	1 351.26
		栗钙土	暗栗钙土	3 718.59
			草甸栗钙土	675.44
			栗钙土	41.75
			栗钙土汇总	4 435.78
	乌和尔沁敖包牧场	栗钙土	暗栗钙土	167.95
	五一牧场	草甸土	盐化草甸土	467.42
		栗钙土	暗栗钙土	1 618.66
			草甸栗钙土	588.51
			栗钙土	0.80
			栗钙土汇总	2 207.97
	正蓝旗　汇总		20 818.38	

（续）

旗县	乡名称	土类	亚类	面积（hm^2）
正镶白旗	明安图镇	草甸土	灰色草甸土	69.55
			碱化草甸土	9.21
			盐化草甸土	199.82
			草甸土汇总	278.57
		灰褐土	灰褐土	494.01
		栗钙土	暗栗钙土	2 704.67
			草甸栗钙土	18.48
			粗骨性栗钙土	90.00
			典型栗钙土	94.90
			栗钙土汇总	2 908.04
	星耀镇	草甸土	暗色草甸土	149.49
			盐化草甸土	1 244.70
			草甸土汇总	1 394.19
		风沙土	固定风沙土	0.96
		栗钙土	暗栗钙土	7 921.96
			草甸栗钙土	273.99
			粗骨性栗钙土	519.43
			典型栗钙土	2 795.20
			栗钙土汇总	11 510.58
	正镶白旗　汇总		16 587.77	
全盟总计			241 901.56	

图书在版编目（CIP）数据

锡林郭勒盟耕地 / 锡林郭勒盟土壤肥料和节水农业工作站编著．—北京：中国农业出版社，2020.9

ISBN 978-7-109-26868-5

Ⅰ．①锡…　Ⅱ．①锡…　Ⅲ．①耕作土壤－土壤评价－锡林郭勒盟　Ⅳ．①S158.2

中国版本图书馆 CIP 数据核字（2020）第 157222 号

中国农业出版社出版

地址：北京市朝阳区麦子店街 18 号楼

邮编：100125

责任编辑：贺志清

版式设计：王　晨　　责任校对：吴丽婷

印刷：化学工业出版社印刷厂

版次：2020 年 9 月第 1 版

印次：2020 年 9 月北京第 1 次印刷

发行：新华书店北京发行所

开本：787mm×1092mm　1/16

印张：7.25

字数：157 千字

定价：210.00 元
